噴火した！

火山の現場で考えたこと

荒牧重雄［著］

東京大学出版会

Eruption!

Reminiscences of a Volcanologist

Shigeo ARAMAKI

University of Tokyo Press, 2021
ISBN978-4-13-063717-6

はじめに

火山の研究を一生の仕事として、はや六〇余年が経った。年寄りになって、生産能力が著しく低下してきたことを痛感している。最新の研究・実験手段を自由に使いこなすことができなくなり、新しい学術モデルの本質がよく理解できなくなり、山に登るだけの体力も失われ、どう見てもあまり役に立たなくなっている状況を認めざるを得ないようになった。

徒食して、世の中に害を与えるようになってはいけないと思い、最近は、過去の経験を活かし、火山防災対策や自然学習・自然教育などに役立つような活動をしようと努めているのだが、それがどの程度、自分にとって生きがいのある仕事であるのか、本当のところはよくわかっていない。

それでも、九〇年間も生活してきたからには、いろいろなことを経験した。面白いこともあったし、つまらなかったり、苦しいこともあった。苦痛を感じたことを思い出すのは嫌だし、楽しいことを思い出す方が愉快に決まっている。というわけで、なんとなく昔を思い出す時には、面白かったり、楽しかったことを無意識にも選び出して思い出すのではないかと思う。この本はそのような思い出話を、とりとめもなく書き記したものである。したがって、思い出の中から、楽しかったこと、うれしかったことだけを選び出して記述する傾向があることをおことわりしておく。嘘は書いていないが、必ずしも客観的に真実を羅列したものではない。このような書き方は、長年自然科学者として自らを律してきた方式とは違うものだが、自分の生涯を振り返ってみて、何事かを自分自身に言い聞かせているような心境であるのかもしれない。

孔子の言がある。「吾十有五にして学に志す。三十にして立つ。四十にして惑はず。五十にして天命を知る。六十にして耳順ふ。七十にして心の欲する所に従へども、矩《のり》を踰《こ》えず…」とある。なんとなく自分に当てはめて考えると、まず一五歳で学問を志したとはとても言えない。中学生だから、親の言うとおりにしていて、当時の学校教育の枠内で、半自動的に義務教育を受けていたに過ぎなかった。これがまあ平均的な日本人の子供だっただろう。「三十にして立つ」、私自身は二七歳にして、東京大学助手（現在の助教に相当）に任命され、はじめて給料をもらったのだから、その時に社会人として自立したとは、表向き言えよう。しかし学者として、すなわち社会の構成員として曲がりなりにも一人前になったと、はっきり自覚していたかどうかは疑わしい。一方、学者として「四十にして惑わず」、この辺が難しいところだが、自意識としてはかなり自信ができて、自分の学問、自分の学説というものを意識する状態には達していたと言えるかもしれない。悪く言えば、傲慢で自信過剰に陥ったころであったかもしれない。「五十にして天命を知る」、孔子の真意はどこにあるのかわからないが、自分自身に当てはめて考えると、実に痛烈で苦痛な表現である。このころになると、はっきりと自分の能力の限界が感じられて、今後どうやって生きていったらよいのかを自問するようになる。「七十にして心の欲する所に従へども、矩を踰えず…」という境地にはとてもなれず、九〇歳になっても、悟りからはほど遠い状態にある。

自分が敬愛する先輩の一人である都城秋穂氏の観察では、普通の研究者は孔子のいうような人生のサイクルを一回経験するだけであるが、飛びぬけた人は、人生の半ばで突然専門の転換を行って、新しい分野での学習と研究生活を再びはじめるのだという。研究者として二回生きるということである。九〇歳になっても、二回目の研究者生活を繰り返し体験してみたいという思いもあることはあるが、この歳になると、物事が面倒になるという、お決まりの状況にはまり込んでゆく自分がはっきり見て取れる。

この思い出話の原稿を読み返してみると、自分の専門である火山学本来の体験よりも、その時々に出会った、国外、国内いろいろな人々との交流の思い出が印象深くせまってくる。そこで自分自身に向かって嘆息するのは、自分は火山現象の真理に近づこうという努力の成果よりは、人との出会い、付き合いに関する記憶を大事に胸にしまっておくような人間だったらしいということである。まあ、しかたがないかとも思っている。

なお本文の記載には、記憶違いや、当時の価値観や受け取め方など、現在では不適切な部分もあるかもしれないが、お許し願いたい。

この本を作り上げるに際しては、出版の意義を認めていただいた東京大学出版会企画委員会の諸先生方、および原稿の校正から体裁の諸問題を丁寧に、心を込めて解決していかれた、小松美加さんをはじめとする東京大学出版会の方々に心から御礼申し上げる。この方々のお力に頼らなければ、この本は世に出なかったであろうと思っている。

二〇二一年一〇月

九一歳

注　本文中の撮影者を示していない写真は、すべて著者による撮影である。

噴火した！／目次

第1章　ひとつの都市が消えた——火砕流序説、プレー火山の噴火

これは私自身が生まれるよりはるか前に起きた事件であるが、私が専門とした火砕流に深い関係があるので、収録させていただく。

プレー火山とサンピエール市

一九〇二年五月八日の朝は晴れていて暑かった。西インド諸島マルチニーク島（図1－1）のサンピエール市の通りは朝からにぎやかだった。

人口二万数千人のサンピエール市はこの島最大の街である。熱帯のまぶしい太陽に照らされて植物の濃い緑と白亜の建物が混じり合い、西インド諸島（カリブ海）のパリと呼ばれるほどの美しさに輝いているはずであった。

しかし、五月八日の朝は違っていた。半月ほど前から街のすぐ北にあるプレー（Pelée）火山（海抜一三九七m）が活動をはじめ、山頂の噴火口から火山灰をさかんに吹き出していた。その火山灰がサンピエール市内にも降り積もっているのだった。堆積層はすでに厚さ数センチメートルに達し、吹

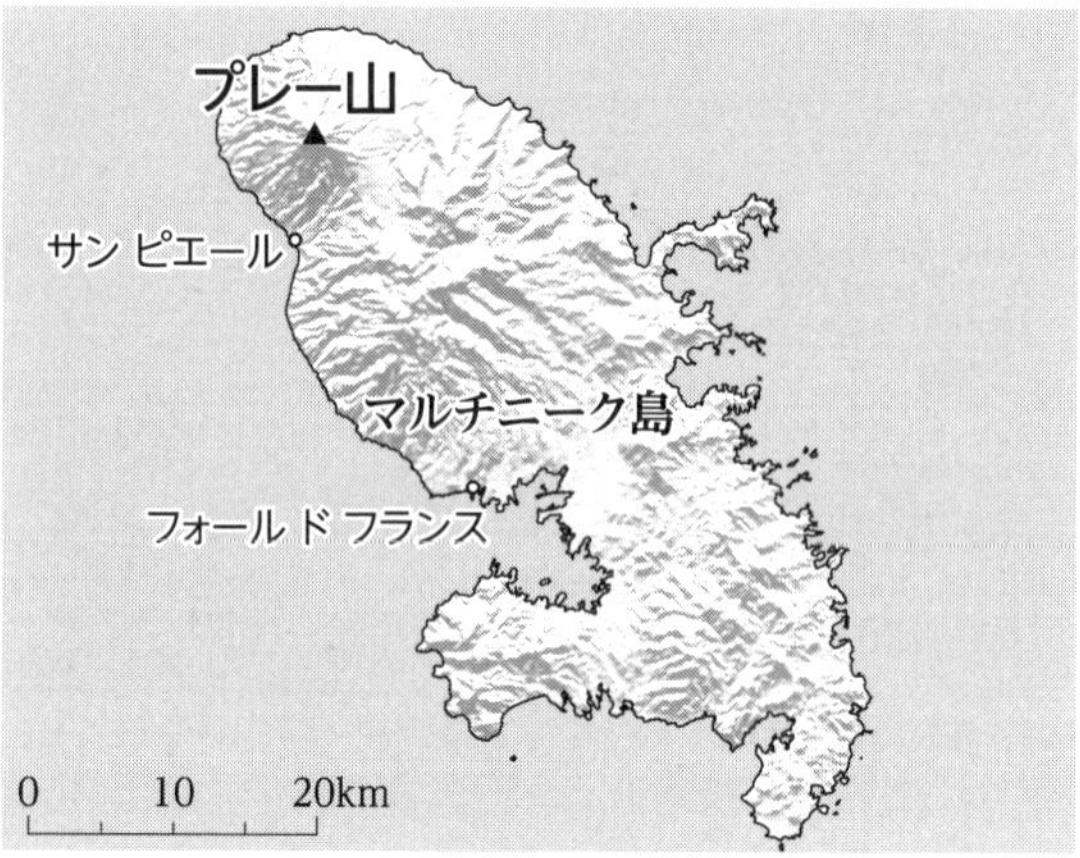

図 1-1　マルチニーク島全図

き溜まりではもっと厚かった。通りを走る馬車の車輪の音も厚い灰の層に吸収されて響かなくなり、街は灰色一色となって、人々は巻き上がる灰塵を避けるように下を向いて歩いていた。時には火山から刺激臭の強いガスが噴き出して辺り一帯に漂った。多くの鳥がガスにやられて死に、海岸に沿って海鳥の死骸がおびただしく打ち上げられた。

さらに三日前の午後には、プレー火山の爆発的活動がひときわ激しくなって、大きな石と砂礫が怒涛のように山の斜面を流れ降りてきて、南西麓の海岸にある製糖工場を全滅させるという事件があった。死者は三〇名以上にのぼり、山の近くの住民は生命の危険を感じて、続々とサンピエールの市街に流れ込んできた。一方、サンピエールの市民たちも恐怖におそわれて、何百人もが市を脱出しつつあった。しかし、プレー火山の裾野一帯から流れ込んでくる避難民の数の方が脱出する人の数よりも多く、結局サンピエール市の人口は平常時よりもはるかに多い状況になっていた。

また別の報告によると、この月はサンピエール市を中心とする地域の選挙期間に当たり、票を失うまいとした政治家の会派によって、噴火の恐れはまったくのデマであり、恐れることはないという広報を通じて、また軍隊を出動させて、半強制的に市民たちをサンピエール市から脱出させまいとしたために、結果的に犠牲者の数が増えたとも言われている。

五月八日

運命の五月八日の朝六時半頃、貨客船ロレイマ号がサンピエール市の港に入港し岸壁に係留された。その甲板は火山灰にすっかり覆われていた。火山からは噴煙の柱が空高く立ち昇っていた。

七時五〇分頃、大音響とともにプレー火山は爆発した。もくもくと上昇する黒煙は同時に横方向にも膨張していき、信じられないようなスピードで山腹を渦巻くようにして流れ下ってきた。安全な距離から見ていた人の報告では、黒雲は二分間でサンピエール市に達し、街全体はまたたく間に暗黒の幕に包まれてしまった。大爆発が起きた山頂からサンピエールの街までは、約八km離れている。その距離を二分間で走ったということから、黒雲の横方向のスピードは時速二四〇km、あるいは秒速約七〇mであったことになる（図1‐2）。

八日の朝、サンピエールの港に停泊していた一七隻の船のうち、二隻をのぞいたすべての船が強力な爆風によって転覆した。転覆を逃れた二隻のうちの一隻がロレイマ号であった。四七名の船員のう

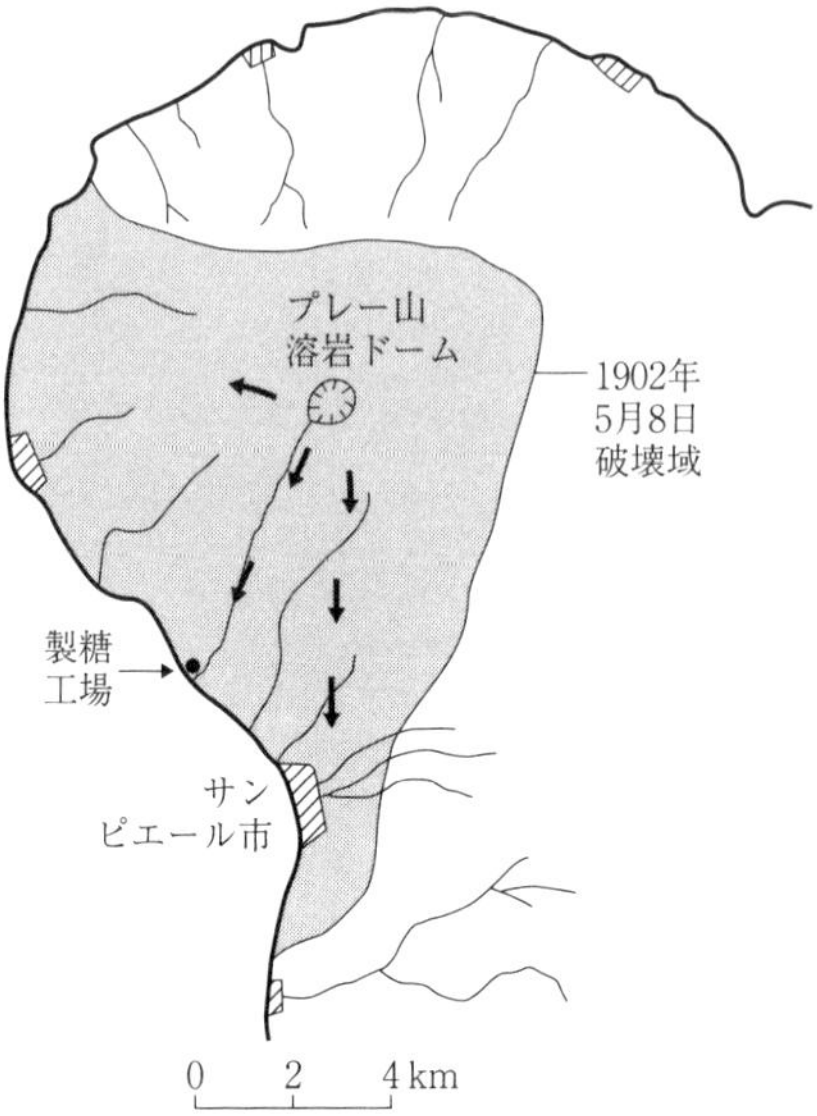

図 1-2　プレー火山とサンピエール市（Lacroix, 1904 を元に作図）

ち二八名が打撲や火傷で死に、乗客で生き残ったのはわずか二名だった。その一人、バルバドス出身の乳母の証言は次のようである。

「私が船室で子供たちに着物を着せている時、船員の一人が「扉を閉めろ！火山が爆発したぞ！」と叫びながら走りすぎました。私が扉を閉めると同時に、ものすごい爆音がして船は突き上げられ、衝撃で全員が床に投げ倒されました。立ち上がるまもなく熱い湿った灰が降りかかってきて、部屋は真っ暗になり、何も見えなくなりました。窒息しそうになった時、ドアが突然開いて空気が流れ込み、少し生き返った気持ちになりました。お互いの顔を見ると、灰に覆われて真っ黒でした。子どもたちの何人かは苦しみながら死につつあり、私自身も痛みに耐えかねていました。私たちは船員に助けられて前部甲板に運ばれ、午後三時頃助けが来るまでそこに横たわっていました。サンピエール市の全体が猛火に包まれていました。船にも火災が発生していましたが、後に消し止められました。私が仕えていた奥様も打ちひしがれて横たわっていましたが、私に子どもを託されたあと息を引き取られました」

同じ船で生き残った船員の証言は以下の通りである。

「それは灼熱の渦を巻きながら一団となってサンピエールと船をおそった。街はわれわれの目の前で消滅した。空気は熱く窒息しそうであった。私は船室に駆け込んでベッドの中に潜り込んだために助かった。火山からやってきた爆風はほんの二、三分しか続かなかった。火山が爆発する前には、サンピエールの波止場は人があふれていた。爆発の後では、生きているものは何も見えなかった」

死者の総数は正確にはわからないが、二万八千人から三万人くらいであろうと推測されている。それよりも衝撃的なことは、市内で生き残った人はわずかに二人だったという報告である。

そのうちの一人は災害の直後にインタビューされて、唯一の生存者として広く報道されたオーギュスト・シパリスという二五歳の黒人の港湾労働者であった。サンピエール市が全滅した五月八日の朝には、彼は殺人を犯した死刑囚として独房に閉じ込められていた。その朝も自分の死刑執行のための絞首台を組み立てる音が聞こえてこないか耳をそばだてていたが、辺りが突然暗くなると同時に熱気と灰が扉の小窓から入り込んできた。彼の皮膚はすぐに焼けこげ、救いを叫んでも誰も来なかった。耐え難い熱さはほんのわずかしか続かず、その間、彼はほとんど息をしないでいた。彼の背中の皮膚が焼けこげていく音以外は、何の音も聞こえなかった。シャツを着ていたにもかかわらず、もっともひどく火傷を負ったのは背中であり、露出していた手や足ではなかった。助けも来ない間、彼は息も絶え絶えに床に横たわっていた。

サンピエールを焼き尽くした火の勢いはすさまじかった。惨事から三日目になってようやく、彼の助けを求める声に救助隊が気付いて救出されたのだった。奇跡的に火傷から回復したシパリスはその後「サンピエールの奇跡の死刑囚」という名を付けられて、サーカスの見せ物として各地を回ったといわれる（Bullard, 1962）。

私自身もシパリスが閉じ込められ、奇跡的に助かったという独房が残っている場所を訪れてみたが、それは異様に頑丈な石積みの壁と天井で囲まれた独立した構造物であり、一〇〇年経った今でもまったく損なわれずに残っている（写真1-1）。当時は厚い扉がついていて、その上部に唯一の開口部である格子の入った小窓があったという。密閉度が高く強固な独房に入れられていたことがシパリス

写真 1-1　サンピエール市のシパリスが閉じ込められていた独房跡

の命を救ったのは明らかである。
もう一人の生存者の存在が明らかになったのは、少し後のことであった。レオン・コンペール・レアンドレは、がっしりした体つきの二八歳くらいの黒人で、靴職人であった。

「その日の朝八時頃、私は自宅の入り口近くに座っていた。突然ものすごい突風が吹くのを感じ、地べたが振動し、いきなり真っ暗になった。私の腕や脚や胴体が火傷を負うのを感じ、たった三、四歩しか離れていない自分の部屋にたどり着くのに大変な努力が必要だった。私はテーブルの上に倒れ伏したが、その時四人の人が泣き叫び、火傷に身もだえしながら部屋に入ってきた。不思議なことに、人々の衣服には焼けこげの跡は見られなかった。一〇分後にそのうちの一人、一〇歳の女の子が死んだ。隣の部屋に行くと私の父がベッドに横たわって死んでいるのがわかった。体は紫色に膨れ上がっていたが、衣服には何の異常もなかった。ふらふらと立ち上がって屋外に出ると、二つの死体につまずいた。先ほど私の部屋に逃げ込んできた人たちだった。家の中に戻るとさらに二人分の死体に出くわした。私はすっかり動転してベッドの上に身を投げ、死がやってくるのを待った。

多分一時間くらいたって意識が戻ったが、家の屋根が燃えているのが見えた。脚に切り傷と火傷を負っていたが、私は脱出して六km離れた隣町まで逃げて助かった。私のすぐそばで死んでいった人々をのぞいて、人の叫び声はまったく聞こえなかった。私は窒息したわけではなかったが、空気が足りないと感じた。しかし焼けるように熱かった。街全体が燃えさかっていた」

災害の調査

サンピエールの災害のニュースは世界中に衝撃を与えた。二万数千人が住む都市が、一瞬のうちに破壊し尽くされ、消滅してしまったというセンセーショナルな記事が世界各国の新聞の第一面をかざった。すぐに各国の一流の学者が派遣され調査が行われた。それまでの火山学に知られていない、何か、ものすごい破壊力を持つ噴火現象が起きたらしいことはどの研究者の目にも明らかであった。

もっとも有名で広く読まれた報告はフランスの学士院から派遣されたラクロア（A. Lacroix）の膨大な論文で、全体が六五〇ページもある大部な本として出版された。ラクロアは詳細な現地調査を行い、関係者のインタビューを行った。彼の下した結論は「成長しつつあった溶岩ドームの側面が破裂して、そこから大砲を撃つように激しく高圧のガスが吹き出し、大小の岩の塊が一団となって山腹を高速で流れ下った現象」が起きたというものであった。

サンピエール市街は火災のためにすべてが灰になってしまい、噴火による直接の破壊の跡はかなり失われてしまっていた。しかし厚い石作りの壁が簡単に破壊されたり、数トンもある重い彫像が倒されたりしたことから、カリブ海名物のハリケーンの中で最大級のものよりもはるかに強い力で建築物が破壊されたことは明らかであった。

ラクロアの発表した地図（図1-2）によると、破壊された地域は山頂から南、南西、西方向に偏っており、山の北側や東側には破壊域が広がっていないことがわかる。ラクロアはこの事実から、最初の大爆発が山頂ドームの側面から南西方向へ向けて、方向性をもって起きたという議論を展開したのであった。

スフリエール火山の噴火

実は五月八日のサンピエール市全滅の大事件の前日、五月七日に、マルチニーク島の南にあるセントビンセント島で火山が大爆発し、一六〇〇人あまりの死者を出したという事件が起きたのである（図1-3）。この噴火だけでも世界的なニュースになったはずであるが、翌日のサンピエール市全滅の知らせの衝撃があまりにも大きかったので、その陰にかくれてしまう結果となった。

噴火したのはスフリエール（Soufriére）という火山（海抜一二三四m）で、山頂から巨大な噴煙が

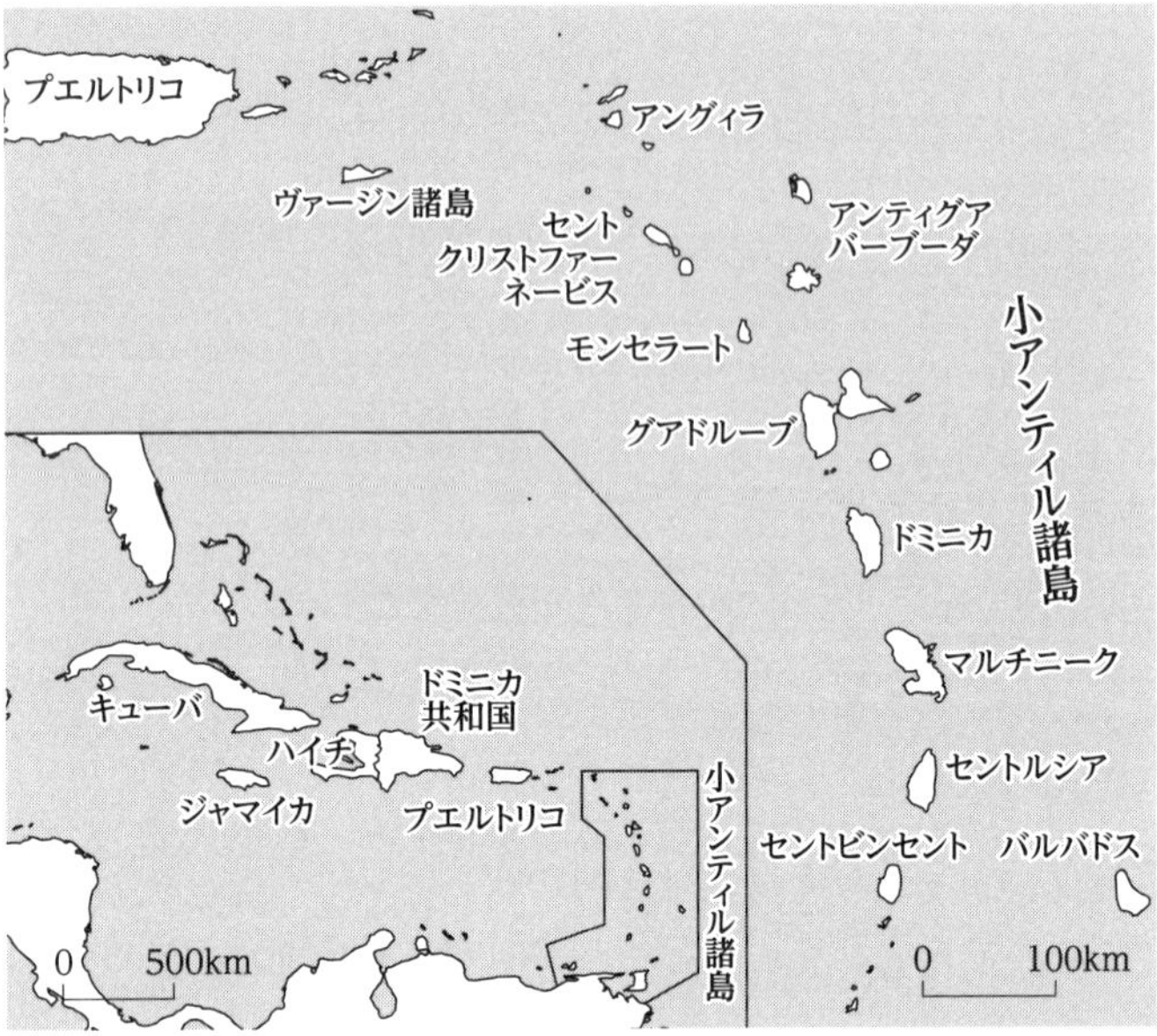

図 1-3　西インド諸島の南東部，小アンティル諸島

立ち上がると同時に、高温の岩塊や火山灰が一団となって山腹を流れ下った。流下方向に指向性はなく、山頂の火口から全方向へ流下し、円錐形の火山斜面の全域を完全に破壊した。山麓のゆるい斜面には砂糖きび畑が広がっていたが、高速で高温の噴煙の流れは植生をなぎ倒し、農園労働者たちの粗末な住居を破壊した。熱帯の気候に合わせて開放的に作られた家屋の中に逃げ込んでも、高温の噴煙による焼死、窒息死から免れることは不可能だった。

一方、農園経営者の住居の地下にあるワインセラー（ぶどう酒の貯蔵庫）に逃げ込んだ人々はほとんど全員が助かった。ワインセラーには窓がなく、頑丈な壁と厚い扉で密閉できる空間が、数分間で通り過ぎた高温の砂嵐から人々の命を守ったのであった。

熱雲「ヌエアルダント」の名称

たて続けに起きた、スフリエール火山とプレー火山の大噴火が、きわめて類似した現象であったことは、調査に参加した各国の火山学者の一致した結論であった。それまでにすでに二〇〇年続いた近代火山学の歴史の中では、まだ知られていない、新しい形態の噴火現象が二つの火山でほぼ同時に起きたことは明らかであった。

後で述べるように、今ではこの噴火現象は火砕流と呼ばれているが、この時はフランスのラクロアが口火を切って、このまったく新しい噴火のタイプを「ヌエアルダント」と呼ぼうと提案した。フランス語で「ヌエ nuée」とは、雲を意味するが、「ニュアージュ nuage」という語が普通の白い雲を意味するのに比べて、nuée は黒っぽい、もくもくした噴煙を意味するという。「アルダント ardente」は形容詞で、灼熱状態で赤く輝いて見える様子を意味している。「ヌエアルダント」は日本語で「高温で赤く輝いて見える雲のような煙」とでも表現したらよいだろうか。ラクロアがよく考えて提案しただけあって、この「ヌエアルダント」というフランス語は現象の特徴をよく表していると私は思う。この噴火現象を目の前でしっかりと目撃した人には、きわめて適切な言葉といえるだろう。

英語の訳は glowing cloud で、その日本語訳が「熱雲」である。glowing という語は「熱をもって光っている」という意味で、ardente の語感をよく引き継いでいるのだが、「熱雲」となるとその辺の微妙な感じが失われて、単に「温度が高く熱い雲」という印象になってしまうのは残念である。

夕方の薄暗くなった状況で、この「ヌエアルダント」が斜面を流下してくる様子を見ると、もくもくとした、硬い感じの薄墨色の煙の輪郭が内部から赤く照らされているように見え、とても異様な、ギョッとさせるような光景とでも描写したらよさそうである。しかもそれが異常に速く、あっという間に見ている者の方に迫ってくるように感じられて、一瞬恐怖にとらわれる人が少なくないのである。このような衝撃的な印象は、生まれてはじめて「熱雲」を目撃した人を共通におそうようであり、日本でも、噴火の後で私がインタビューした火砕流の目撃者の多くが、そのような経験を語ってくれたものである。

このように、「熱雲」という現象はきわめて異状であり、目撃する人も多くないので、それを知らない人に説明することが大変難しい現象であるとも言える。

固体とガスの混合物の流れ

火山学の教科書を見ると、「火砕流」とは、「高温の火砕物とガスの混合物が斜面を高速で流れ下る現象」と定義されている。火砕物とは、火山から噴出した物質のうちで、破片状の固形物を総称する言葉で、破片の大きさにより、火山岩塊、火山礫、火山灰などと分類される（表1‐1）。

ガスはマグマに含まれているガス成分を指し、もっとも多いのが水蒸気だが、ほかに二酸化炭素や二酸化硫黄、塩素化合物などが含まれる可能性が大きい。実際の火砕流では空気の混入が大きな役割

表 1-1　火砕物（火山砕屑物）の分類

名称	火山灰	火山礫	火山岩塊
粒子の直径	2 mm 以下	2 〜 64 mm	64 mm 以上

注：粒子を構成する固体の種類は問わない．ガラスの破片，鉱物の破片，異なった種類の鉱物の破片が複数個集まって固まったものなど，すべてを含む．

をするので、ガスの中には空気も含めるべきかもしれない。「熱雲」も火砕流の一種であるから、火砕物とガスの混合物の流れであるが、遠くから見るとまるで液体のように流れている印象を受ける。しかも粘性がきわめて低い液体の流れのように見える。熱雲を観察した学者が例外なく強い印象を受けたのがこの点であり、一九二九年に再び噴火したプレー火山で、わずか一〇〇mくらい離れた場所から火砕流を観察したアメリカの学者、フランク・ペレット（Frank Perret）も、繰り返しこのことを強調している。

岩石の破片とガスが混じったものが、水のように滑らかに高速で流れるということは、大変不思議に感じられるかもしれない。しかし似たような自然現象の例としては、雪崩があげられる。急斜面に堆積した雪の一部が、何らかのきっかけで崩落をはじめると、重力加速度により次第に速度があがり、雪煙をあげながら高速で斜面を流下するのである。雪崩の先端部をよく見ると、液体が流れているように見える。実際は雪と氷という固体の破片と空気の混合物の流れであり、決して液体の流れではないのである。急斜面で相当大きな崩落が起きると、水のような液体が存在しなくても、岩石の破片と空気の混合物だけでも、液体のように滑らかに流れることが可能なのである。

しかし、火山噴火に伴う「火砕流」の現象は、さらに別の要因で流体としての

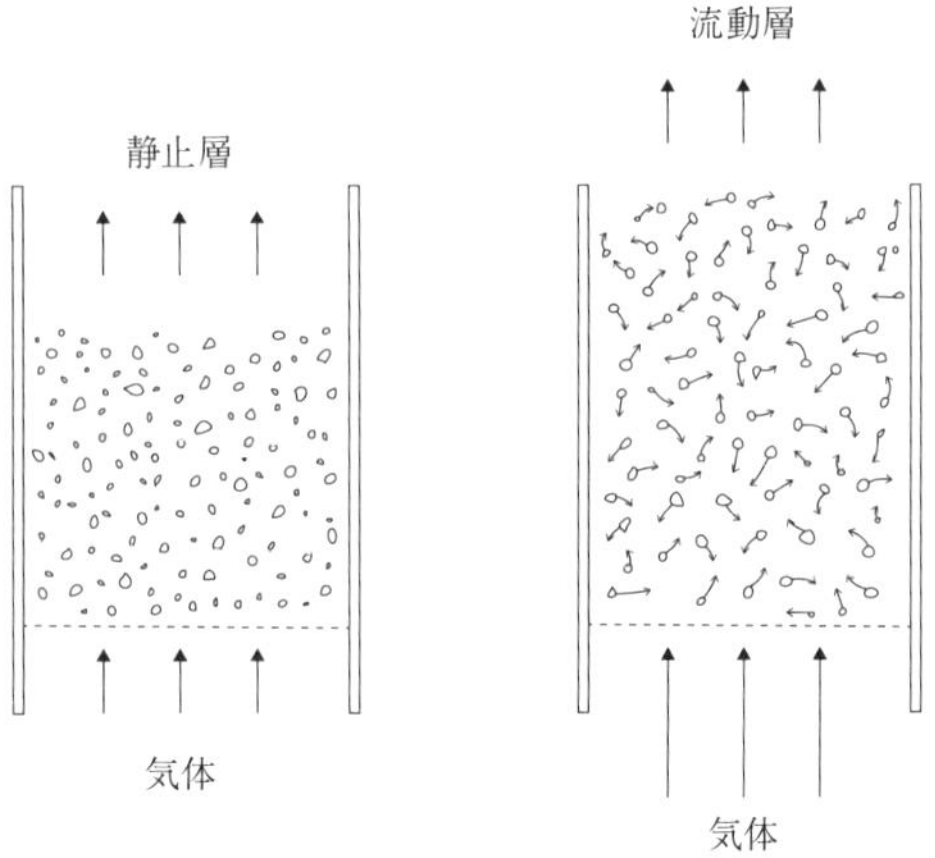

図 1-4　流動層の実験概略図

内部摩擦を減少させる力が働いているらしいというのが、多くの火山学者の意見である。これは、「流動化」と呼ばれる現象に関係があるもので、図1－4のような実験を行うとわかりやすい。ガラスの太い円筒を垂直に立て、中に岩石の破片を入れる。実際の火砕流を構成する岩石の破片は、直径が一㎜より小さいものが半分くらいを占めるから、そのような細かい岩石の粉末を入れて実験してみる。岩石の粉末が抜け落ちてしまわないように、ガラス筒の下部に網をつけて支えることにする。

筒の下から空気を送ってやると、もちろん空気は網を通り抜けて、さらに岩石の粉末の間の隙間を抜けて、ガラス筒の上方へ流れてゆく。何事も起こらないように見えるのだが、空気の流れをだんだん速くしてやると、変化が起きはじめる。岩石の粉末の層がもぞもぞと動き出し、ふくれあがってくる。さらに空気の流速を増加させると、粉末全体が動き出して、全体が煮え立った液体のような見かけになる。岩石の粒子の一つ一つは激しく動いていて、互いに混じり合っているのだが、層全体としては沸騰する液体のようにガラス筒の中にとどまっていて、外へ吹き飛ばされてゆくということは起こらない。

このような状態を「流動化」と呼ぶが、流動化現象を続けさせるには、空気の流速をある一定の速度に保つよう正確にコントロールしてやる必要がある。流速が大きすぎると、粉末の一部が吹き飛ばされてガラス筒の外に失われてしまう。流動化現象が、自然現象である「火砕流」とよく似ている点は、外見が液体のように見えて、しかも粘性がきわめて低いようなふるまいをするということである。固体の粉末とガスをよく混合させて、液体のように自由に流動させるという状況は、工業的に利用価値が高いので、流動化現象はすでに工業的に広く活用されているのである。

静止している破片の集合体は、破片同士がかみ合っていて、勝手に動くことができない。粉やもっと粗い粒子の集合体を容器から静かに机の上に空けると、円錐状の塊となって静止する。円錐の傾斜角度は粒子同士のかみ合いの度合いによって決まるもので、内部摩擦角、安息角などとも呼ばれる。かみ合いの程度が弱ければ円錐の傾斜角は小さくなる。液体の場合は分子間のかみ合いの程度がきわめて弱いので、内部摩擦角は限りなくゼロに近いと考えることが可能である。

流動化現象はガス（空気）を強制的に通過させることにより、粒子間のかみ合いの度合いを極端に弱くしてやり、内部摩擦を小さくしてやることに相当するのである。内部摩擦が極端に小さくなれば、粉の集合体でも見かけは液体のようになり、流動性が高く見えるようになるわけである。

火山噴火の現場で、実際に火砕流が斜面を流下してくるのを見ていると、たしかにその異常に高い流動性が際立っていて、実験室での流動化現象とよく似ているという印象を強く受ける。ただし問題がひとつある。実験室内の流動化現象は、下からの空気の流速を一定に保つことにより実現されるが、斜面を流れている火砕流の内部でガスの一定な供給が実現可能なのかという問題である。もし、火砕流中の高温の岩塊に含まれているガス成分（主にH_2O）が放出され続け、そのガスが流動化を支えるものと仮定して計算してみると、流動化現象をわずか数分間支えるに足るだけの量しかないという結果になる。しかも岩塊の内部からH_2Oが表面まで拡散によって移動すると考えると、流動化に使えるガスの発生量はさらに劇的に少なくなるという結果になる。

すなわち、実験室内で定常的に実現されるような流動化現象では、数キロメートル以上も流走する火砕流の流動を支え続けることはとてもできないということになる。ただし、火砕流の流走中に、岩塊同士が激しくぶつかり合い、破砕されてどんどん小さくなるというような現象が継続して起きれば、岩塊の内部深くに含まれていたH_2Oも効率よくガス化するため、流動化は容易に保たれるという意見がある。

火砕流の内部摩擦が小さくなる原因として、もうひとつのモデルが提唱されている。岩塊同士が激しく衝突し、その反作用（弾性反発）で岩塊同士がはじかれるため、粒子間の摩擦力が減少し、固体粒子の集合体を全体としてみれば、静止状態より幾分膨張し、内部摩擦の低い流体としてふるまう…という考えである。この考え方に従うと、流動化というモデルは必要でなく、また高温である必要もなくなり、土石流とか、火砕流以外の現象にも適用される可能性が広がるのである。土石なだれという現象は、真空に近い月の表面でも起こることが報告されているから、そのような場合の説明には都合がよい。

以上をまとめると、火砕流という現象は、「高温の固体粒子とガスの混合物が、異常に小さな内部摩擦を持つ流れとして、重力にしたがって地表を流れる現象」と定義することができるかもしれない。

熱雲から火砕流へ

一九〇二年西インド諸島のスフリエール火山とプレー火山で発生した「ヌエアルダント〈熱雲〉」という現象は、火山学者に大きな衝撃を与えた。それまでの火山学の教科書には載っていない、新しい概念であった。

ところが、その一〇年後に、またもや熱雲に似た現象がアメリカのカトマイ（Katmai）火山の噴火の際に発生したらしいことがわかった。カトマイ火山は、アラスカ州のアラスカ半島にある活火山だが、人が住んでいる場所からはるかに離れたところにあるので、一九一二年六月に大噴火をした時にも、近くで目撃した人は誰もいなかった。しかし、この噴火は、二〇世紀で世界最大の噴火となったもので、その影響は遠く離れた場所でも観測された。カトマイ火山から東へ一五〇㎞離れたコディアックの町では、大量の火山灰が降り、長時間視界がさえぎられて、ほとんど暗黒の状態が続いた。

現地の調査は噴火から四年後に行われたが、船で半島に上陸し、道がまったくない山地を突破しな

写真1-2　アラスカ，カトマイ火山の「1万の煙の谷」（Griggsによる1917年の調査隊の報告より）

ければならず、困難をきわめた。調査の結果驚くべきことがわかった。長さ一五km、幅二〜三kmの広い谷全部を、新しい噴出物が埋めていて、その表面から無数の煙が勢いよく立ち昇っていたのである（写真1‐2）。

そのすさまじい光景に圧倒されて、調査隊はその谷を「一万の煙の谷」（Valley of Ten Thousand Smokes）と呼ぶことにした。くわしく調べた結果、その堆積物は、一九〇二年にスフリエール火山とプレー火山で発生した熱雲にきわめて類似した噴火によって生じたことが明らかになった。すなわち、大量の高温岩塊や火山灰が火口から放出され、それらが一団となって谷を流れ下ったのである。

その量はきわめて多く、約一二立方kmであった。一立方kmは一辺が一km（一〇〇〇m）の立方体の体積であり、東京ドーム約六〇〇個分の量である。カトマイの「熱雲」堆積物をダンプトラックで運び出すには、なんと一億輌が必要となる。一九〇二年のプレー火山の熱雲が運搬した噴出物の総量は約〇・〇〇二立方kmだから、カトマイ噴火の数千分の一にしかならない。

このような規模の噴火が都市のそばで起きたら、大変な被害をもたらしたに違いない。実際には幸いなことに、人間がまったく住んでいない原生林の一部が消滅しただけですんだのである。

一時はラクロアが提唱した「ヌエアルダント」という名前が、火山学の術語として定着するような勢いであったが、カトマイの現象は別に、灰流（ash flow, tuff flow）とか砂流（sand flow）とも呼ばれるようになり、学術用語としての混乱もはじまった。

一九四〇年代になると、さらに大規模な火砕流噴火の例がわかってきた。ハウウェル・ウィリアムズ（Howell Williams）によって、オレゴン州にある、クレーターレーク（Crater Lake）という、直径七kmくらいの円形の湖水の周辺一帯に、カトマイ噴火の堆積物とよく似た、しかしカトマイの五倍の体積の軽石質堆積物が広がっていることが明らかにされた。ウィリアムズは、カトマイ噴火とよく似た大規模な軽石・火山灰の噴火が約七七〇〇年前に起きて、火砕流は火口周辺に広く展開し、その結果噴出孔を中心とした大規模な陥没が起きて、火山学でいう「カルデラ」が生じたと結論した。彼はさらに世界中に目を向けて、クレーターレーク型の陥没カルデラが多く存在することを示し、さらに他のメカニズムによって生成したカルデラも含め、すべてのカルデラをその形状、構造によって分類してみせた。

第二次世界大戦後、カリフォルニア大学教授であったウィリアムズは、来日して、東京大学の久野久教授を訪れた。久野は、彼の主テーマであった箱根火山が、まさにクレーターレーク型の火砕流を伴った陥没カルデラであると理解し、ウィリアムズの学説に深い感銘を受けた。

それに伴い、久野の弟子たちもその学説に深く影響されたが、その一人が私であった。それまで未発掘の、日本における熱雲（火砕流）堆積物を発見することに熱中した。特に強溶結の堆積物は、これまで溶岩流として記載されてきた事例が多く、先人の間違いをただすということには快感を伴った。いろいろなタイプの熱雲堆積物があることに気が付いてきたので、その分類を試み、結局、熱雲という言葉では全部をまとめきれないと感じて、とうとう「火砕流」という名前を提案することになったのである。

難産の「火砕流」

「熱雲」の概念に触発されて、大げさに言うと世界中の熱雲の例を探索しようと奮い立った若い研究者として、私自身がだんだん気が付いてきたことは、いろいろなタイプの熱雲があるらしいということであった。

まず、その規模の範囲が大変広いということが重要である。一九九一年雲仙普賢岳で発生した火砕流（第14章参照）が、最小の火砕流の例であろうが、一つの火砕流を構成する溶岩塊の総質量は一〇〇〇トンくらいであると想定される。これ以下の量の高温の岩塊が急斜面で落下をはじめても、単なる岩崩れという現象でしかあり得ない。現在知られている限りで、一回の大噴火で地表に噴出した火砕流物質の総体積は一〇〇〇立方㎞、総質量は一〇億トン以上と考えられる。このような大型の火砕流噴火は直接の目撃例がないので、一度の噴火で何回くらいの「流れ」が発生したのかは不明だが、それでも一つの流れ単位は、雲仙普賢岳の火砕流のそれの一万倍はあろうかと思われる。このような大きな「ダイナミックレンジ」にわたって、同一の流動（流走）メカニズムが適用できるのかどうかも、厳密には不明なのだが、火山学的に一種類の現象として分類することは、あながち不合理とは言えないと考えられる。

大きな問題点の一つは、岩塊の発泡度と流れの規模に明らかな相関関係があるということである。大規模火砕流の本質岩塊は、古典的な熱雲の岩塊に比べて、発泡度、破砕度が高いのである。細かく見れば、大型の流れ堆積物は、プレー火山やスフリエール火山の熱雲とは相当に見かけが違う代物であり、一方、クレーターレークや「一万の煙の谷」の火砕流とも異なり、唯一の共通性は高温の粉体流であるという認識であった。これに触発されて、全体を熱雲として総括するのはあまり適切ではないと思うようになった。特に注目すべきは、噴出量の規模と流れの特徴の組み合わせの相違が、本質的な問題ではないかと考えるようになったことである。一九五七年に私が書いた論文は、熱雲（nuée ardente）から火山灰流（ash flow）までの、火山現象としての高温粉体流を一括して呼ぶために「火砕流 pyroclastic flow」と呼ぶことを提唱したものであった（荒牧、一九五七）。

火砕流という日本語についてはまだ自信がなく、科学論文としては、pyroclastic flow という英語の方が重要だという気持ちだったので、日本語の論文であるにもかかわらず題目は「Pyroclastic flow の分類」とした。自国語ではない英語の学術語を、日本人である自分が提案するということに気おくれがあったので、まず、英語の文献を漁って、うまい英語はないものかと調べてみた。バイアスカルデラとBandelier Tuffで、すでに名声を確立しているスミス（R. L. Smith）博士の論文の中にさりげなく、一回だけ出ている、“pyroclastic flow”という語を発見したので、それを拝借することにした。スミス博士自身は、“ash flow”という言葉を、彼の研究対象すべてに使っていたのだが、火山学的に厳密な意味では、“ash”は径二mm以下の粒子を指すので、もっと粗粒な岩塊をも含む、火砕物の流れ全体を議論しようとする私の立場では、採用できる用語ではなかった。

　ところが、一九六一年に日本で開催された国際火山学会の席上、私がその論文をはじめて口頭で発表した際には、フランスの学者から酷評を受けた。彼によると、“pyroclastic flow”をフランス語にすると“coulée pyroclastique”とでも言うようになるかもしれないが、そのようなフランス語は存在し得ない、不可能である…、というような調子で、さんざんな目にあった。すっかり面目を失って、この提案は駄目かなとあきらめかけた。

　しかし、その後の経過を見ると、pyroclastic flowという語は、海外でも案外広く受け入れられるようになった。フランス語は世界でももっとも優れている言語であると確信しているように見えた、かの学者先生には失礼なことかもしれないが。英語の単語が市民権を得たのなら、日本語の訳はどうしようかと仲間で議論した。「火山砕屑物流」ではぶち壊しだという感じで、結局「火砕流」に落ち着いたのであった。

　高温粉体流である火砕流の規模は、構成物質の量で表現すると、10^{-6}立方kmから10^{3}立方kmの範囲であるから、九桁の範囲にわたる。一〇億倍の規模の差がある現象を一つの概念で表現できるということはある意味でユニークな地学現象ではないかと考えている。

第2章　火山研究のきっかけ——伊豆大島一九五〇〜五一年噴火

きっかけ

「先生が火山を研究するようになったきっかけは何ですか？」というような質問を時々受ける。そのたびに、少し躊躇して、「いや…特にきっかけというものはありません…」という感じでお茶を濁すことが多い。

中学校の時、気象クラブに入った。当時はクラブという言葉は使わず、確か気象観測部という名前だったと思う。「百葉箱《ひゃくようそう》」と呼ぶ、四方の壁を鎧戸とした白塗りの木製の箱の中に種々の温度計・湿度計や自記記録計が入っているもので、当時の中央気象台が正式に採用したのと同じものを、特別に注文して使っていた。毎日定時（日本中央標準時〇九時）にその百葉箱を開けて、温度や湿度を読み取り、野帳というノートに記録する。

雲の観測があるが、雲の種類はその形から一〇種類に分類され、巻雲とか乱層雲とか積乱雲とかを見分けて、それが天空の何割を占めているかを野帳に記録する。雲の形はさまざまで、それぞれ個性があって美しいが、天気が良い時に出る雲があれば、悪くなる前兆として現れる雲もある。ラジオで気象通報というのを聴いて、気圧や風向・風力などを白地図に書き込み、フリーハンドで等圧線を引いて天気図を作り、天気予報を自分でしてみる。等圧線をスムースに引くのが腕の見せどころであるので、その練習にのめりこんだ。自分でする天気予報は、当たることもあるが、たいていはうまく当たらない…。中高一貫教育の学校だったので、高校部に進んでも、気象観測部の部長として級友からも一目置かれるようにまでなった。中央気象台からも正式な「管内観測所」として認定され、毎月観測記録を月報として報告するまでになっていた。

というわけで、大学受験の時期になると、漠然と気象学をやる方向かと考えるようになった。ところが、先生に進学方向を相談すると、「これからの気象学というものは、君たちがやっているような「観天望気」ではなく、流体力学と熱力学が中心となるもので、数学と物理学をみっちりやるつもりでなければだめだよ…」と言われて当てが外れてしまった。自分は物理学は好きだが、その基礎となる数学は得意でなく、偏微分方程式をごしごし解くなどあまりぞっとしない感じだった。結局消去法で、山歩きが好きなこともあって、東京大学の理学部地質学科を受験した。

大学は地質学科へ

東京大学の入学式での学部長訓示では、物理学の高名な茅誠司教授であったが、「君たちは理学部へ入学した以上は、就職先はないと思った方がよい」と、いきなり宣告を受けた。「これはとんでもないところへ入学したものだな…」と思った。ありがたいことに、親は、好きなように勉強するように言ってくれたので、当分は就職のことは考えないで、自分は何をやりたいのかを考えるようにしていた。実は結果的に、大学の理学部に就職することができて、理学系の研究者、教育者としての人生を辿ることになる。

後からわかったことだが、理学部の人間というのは「他人に言われたことはやらない。自分がやりたいことをやる」という人種だと理解するようになった。したがって給料をたくさんもらえるような立場にないことはすぐにも納得できたが、さらに厳しく考えると、国が運営する大学で、なぜ自分の好き勝手に行動する研究者に、国民の税金を使って給料を支給してくれるのか、自問自答して答えがわからなくなってきた。

「理工系」と一括されることが多いが、工学部は「社会のニーズに合った事柄を研究し、その結果は社会にすぐ役立つ」ものだと定義されるから、理学部とは研究者の心がけが違うと言えるだろうし、職業の正当化の悩みもないと思われる。一方、理学系研究者としての心のよりどころとして、よく口にされるのは、自分自身が独力で考え出したアイデアというものを限りなく大切にし、誇りにすることと、他人のオリジナリティを徹底的に尊重することなどがあるが、それに命を懸けるべきものかどうかは、人によって意見の相違するところかもしれない。

伊豆大島一九五〇〜五一年の噴火

一九五〇〜五一年に伊豆大島が噴火した。一年半くらい続いた噴火だったが、噴火がはじまってしばらくして地質学科の同級生一同で見物に行った。噴火はやや安定して、三原山の山頂に新しく生じた火砕丘（スコリア丘）の火口から、間欠的に火山弾を投出する様式の噴火を繰り返していた。

早速火砕丘の麓まで近付いて、しばらく見物していた。数十秒から数分くらいの間隔で、バーンという爆発音を伴って、大小さまざまのサイズの火山弾が火口から投出される。放物線を描いて、円錐形の火砕丘の斜面に落下し、カラカラと乾いた音を立てながら急斜面を転がり落ちる。ストロンボリ式噴火と呼ばれるタイプの活動である。

飽きずに眺めているのだが、だんだん山体のほうへ近寄っていった。数十分も経つ間に、何回も繰り返される爆発を見ていると、もう少し近寄っても安全だろうという感じで、無意識にだんだん山へ近く寄ってゆく。すると突然、例外的に大きな爆発が起きて、われわれの頭上を越えて火山弾が遠くまで飛んでゆく。肝をつぶして大急ぎで後退する。火山の噴火というものは怖いものだということを実感した最初であった。心理学ではこのような人間の反応（行動）についての術語があるのではないかと思うのだが、大変危険な心理的反応だと感じた。自分が火山学の研究者になってからも、複数回このような現象（人々の行動パターン）を見聞した。

気を付けなければいけないことだと思う。第14章で述べる、一九九一年の雲仙普賢岳の火砕流災害の時も同じような状況であったのではないかと思う。

火砕丘の麓からは、溶岩が絶え間なく流れ出していて、三原山（中央火口丘）の直径八〇〇mの火口を満たし、一部が火口縁を超えて、「砂漠」といわれていたカルデラ床まで流れ下っていた。幅二〜三mくらいの溶岩流は、その両側にある溶岩堤と呼ばれる、ちょっと高まった堤防状の地形の間を、灼熱状態の溶岩として音もなく流れ下ってゆく。まさに「溶岩の川」と呼ぶのがぴったりの光景である。その周りには見物人が大勢いて、われわれもその中に交じって見物していた。

声をかけてきたのは、わが大学・教室の卒業生、先輩、大先輩の一団で、現場で何やら作業をしていて、お前らも手伝えと言う。溶岩の温度や粘性係数を測定するのだと言う。砲丸投げよりも大きな鉄の球に針金をつけたものを、流れている溶岩の川の中に投げ入れれば、溶けた溶岩よりも鉄球は重いから沈んでゆく。その沈降速度を計れば、ストークスの式にしたがって、溶岩の粘度が求められるはずである。そこで用意万端、鉄球を投入すると、予想に反して溶岩流の表面に浮かんだまま、沈まない。ストップウオッチを持った計測係を従えて、鉄の球は下流へどんどん流れ去ってしまった。溶岩の川の表面部分が冷却して、ほとんど固結した状態になっていて、鉄の球が沈むのを妨げていたのであった。

次に温度測定を試みた。当時は光学的温度計というものはなく（われわれの手の届くところにはなく）、大学の実験室にある白金・白金ロジウムの熱電対を、おそらく教授に無断で持ち出してきたのである。長さ一m以上の溶融石英の保護管に収められた高価な熱電対はそれだけでも重く、壊れやすいので持ち運びが大変であった。熱電対の低温側の接合点は、氷水を入れた魔法瓶（デュワー瓶）に収める必要があり、起電力を計るポテンシオメーターは実験室仕様だから、およそ野外で使用するには不便極まりないものであった。

これらの道具を持ち歩く係が少なくとも数人必要であり、さらにもっと多くの野次馬を交えての多人数が、溶岩の川の流れに合わせて、下流へ向かって大真面目で移動していく光景は、奇妙なものだっただろう。肝心の温度測定がうまくいったかどうかはよく記憶していないが、最後には熱電対が保護管ごと、半分固結した溶岩の流れから引き抜けなくなり、破損した一部がそのまま失われたという記憶がある。もちろんこの事件全体の後始末がどうなったかは覚えていない。

余談ではあるが、この噴火で噴出した溶岩の粘性係数の測定の論文が発表されている。著者は東京大学地震研究所の水上武博士で、われわれが悪戦苦闘したのと同じ場所で、溶岩の流下速度を測定し、半円形の断面を仮定した樋状の流路とその傾斜から粘度を見積もったのであった（水上、一九五一）。

伊豆大島で見聞した事柄は強い印象を私に与えた。その時は「なるほど、火山を研究するのも面白いかもしれないな…」という程度の記憶であり、ほかにもっと魅力的なテーマがあるのではないかという漠然とした期待もあったのだが、その後本格的に火山を研究しようという心境になるまでに、相当有効なインパクトの一つとなったのかもしれない。

卒業論文のテーマは、指導教官である坪井誠太郎教授お気に入りのフィールドである「熊野酸性岩」であった。卒業論文をやっている当時は、フィールドワークや室内実験が嫌でたまらなかったという記憶も実はあるのだが、振り返ってみると、必ずしも苦行の連続というものでは、実際はなかった。むしろ、目的がよくわからないまま、言われた通りの作業を繰り返すのが嫌だったのではなかったかと思う。逆に言うと、人に言われたことには、納得がいかない限り従わない——自分が気に入ったことだけをやる——という「理学部的精神」がだんだん身に付き出したからであったかと思う。

熊野酸性岩とは、西南日本外帯の新生代花崗岩類に属する岩体で、私の偏見では、実にユニークで興味ある産状を示すものである。ここで細部については述べないが、後に私が提出したモデルを含めて、この岩体の成因、地下構造、マグマの正体など、いずれも現在でも未解決な問題である。将来の研究成果が楽しみというものであるが、自分自身の卒業論文のできばえは、主観的には惨憺たるものであり、卒業当時はきわめて"unhappy"な心情であった。しかし、熊野酸性岩との出会いは、火砕流—カルデラ—バソリス（地下深部で固まった巨大なマグマの塊）という、その後の自分の遍歴の一部としても、結果的に重要な位置を占めることになったのである。

というわけで、私の火山修業の本当の「ことはじめ」はやはり、次章で述べる大学院時代の浅間山の研究が嚆矢ということになるだろう。

第3章　史料と足で読み解いた博士論文——浅間火山天明三年噴火

博士論文

「荒牧君、大学院の研究テーマとして、浅間山をやってみたらどうですか？」と指導教官に言われてすぐに「はい、やります」と答えた。坪井教授は定年退職され、大学院での指導教官は、理学部の久野久教授となり、彼は東京大学地震研究所の水上武教授と親しい仲であった。水上教授はひたすら浅間山の地球物理学的研究を続けられていて、その結果、「水上の浅間か、浅間の水上か」というような感じで、わが国のみならず、世界の火山学界で名が知られていた。その水上教授が久野教授に「浅間山の地質学的岩石学的研究データが不足しているようだが、だれか若い研究者にやらせてみてもらえないだろうか」と持ち掛けてきたのがきっかけであったようだ。私は二つ返事で久野教授の提案に同意したのだが、内心うれしかった。というのは、水上教授の言うように、当時浅間山についてのまとまった研究がなく、数ある日本の火山の中で欠落が目立つ場所になっていたからである。

日本の近代的火山研究は、他の科学分野と同様に、明治維新以後からはじまった。「お雇い外国人」の教授にかわり、富国強兵を目指して、西欧の近代科学技術を取り込もうという風潮に乗って、日本人の大学教授が続々と任命されていった。火山研究は基礎的な研究で、本来実利的なものではなかったのだが、明治二四年（一八九一年）に起きた濃尾地震による死者七〇〇〇人以上の大災害に関連して沸き起こった社会的な関心に、政府が反応して作られた「震災予防調査会」の活動が、日本の（地震学はもちろんのこと）火山学のスタートを切ったといっても過言ではない。

特に重要な役割を果たしたのが、東京帝国大学理学部地質学科の初代日本人教授の小藤文次郎《ことうぶんじろう》であった。彼は、指導する学生の卒業論文のテーマとして、次々に日本の主要火山の地質学的、岩石学的調査研究を与えた。そうして得られた成果は「震災予防調査会報告」に発表され、当時としては世界一流のクオリティを持つ火山調査報告のセットができたのである。火山のリストを見ると、伊豆大島のように有名で社会的に注目されている火山には、卒業後有名教授に昇進するような優秀な学生が割り当てられていたような気がする。

そこで目を引くのが、活動的な故に明治初期から有名であった浅間山の調査報告書が、震災予防調査会報告に欠落している事実である。ここから先は、噂話に類するものだが、小藤教授から実際に浅間山の課題を与えられた学生（河村幹雄氏と聞く）はきわめて優秀であり、将来を嘱望されていた人だったという。河村氏は、後にさる帝国大学の教授となり、特に教育分野で広く立派な業績を上げら

写真 3-1　浅間山を南方より望む

れた。しかし、優秀な学生が自説を曲げずに主張し、指導教授と衝突することは少なからずある。明治時代の帝国大学教授は絶大な権力を握り、専制君主的に教室を支配していたという話はよく聞く…と、以上はすべて人の噂であり、真偽の実は不明であるが。

昭和に入ってからは、地震研究所の津屋弘逵教授の浅間山についての研究があるが、どういう理由かあまり大きな仕事には至らず、単に地質岩石の概要をまとめるにとどまっていた。そういうわけで、浅間山は、その噴火活動が有名な割には、火山地質岩石学的な報告書には見るべきものがないという状況であった。私が浅間山を指導教官から勧められた時にうれしく感じたのはそのような背景があったからである（写真3－1、図3－1）。

浅間山ことはじめ

昭和二八年（一九五三年）の春、現地調査をはじめようと勇み立って、当時の信越本線沓掛駅（現在のしなの鉄道中軽

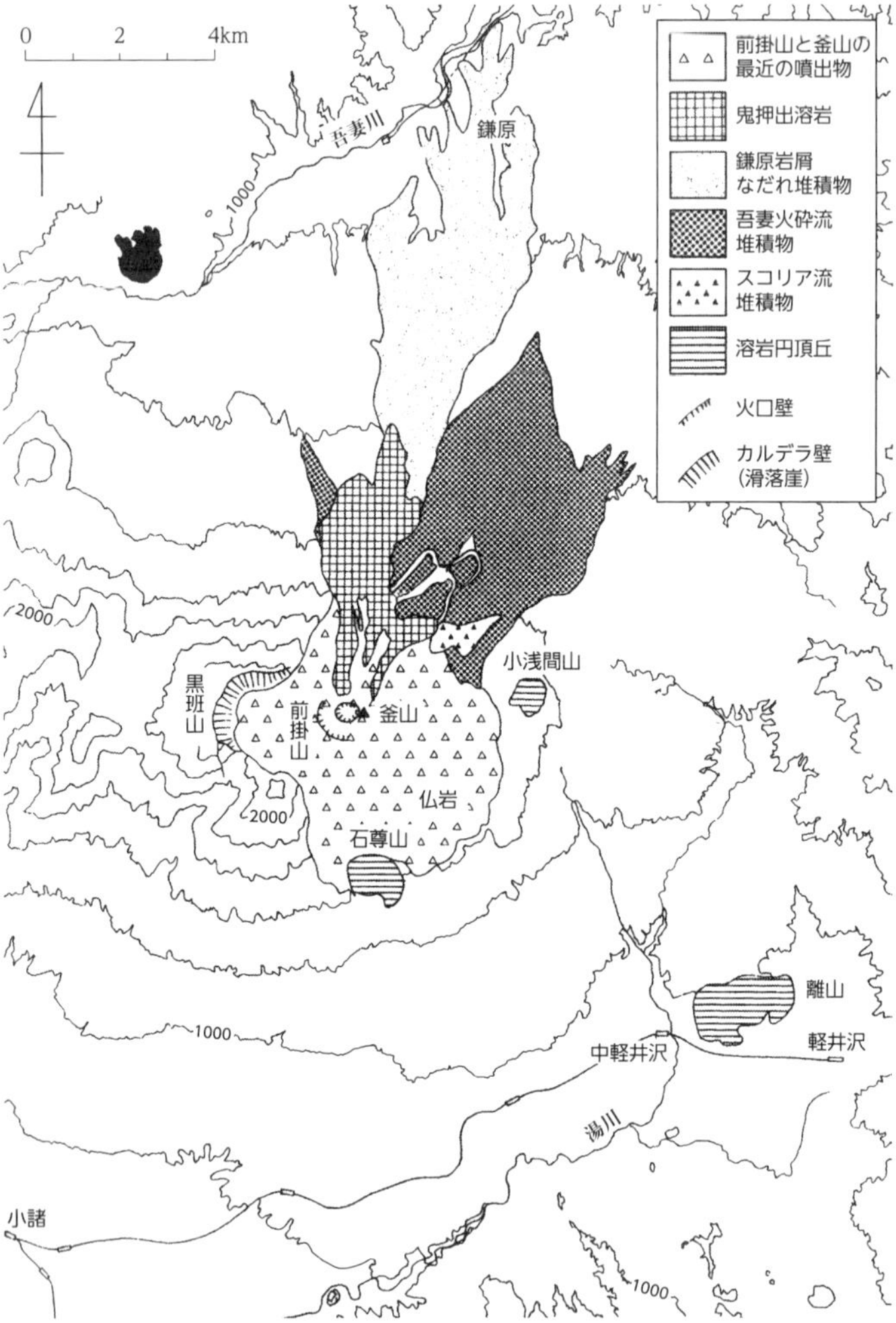

図 3-1　浅間山の地形概略と天明 3 年（1783 年）噴火の噴出物の分布（荒牧，1968，1986 をもとに作成）

井沢駅）に降り立った時驚いたのは、駅前の通りに張られた大きな横断幕であった。「米軍演習地反対」という内容のスローガンであった。当時、日本は連合国軍に「占領」されていた状態からやっと解放され、サンフランシスコ講和条約で独立を回復した状態になってはいたが、日米安全保障条約のもと、駐留軍として留まっていたアメリカ軍により、隣の群馬県妙義山系から長野県軽井沢町へかけて、米軍の演習地域として接収されることが提案されていた。これに対し、地元の反対運動が盛り上がっていたところであった。反対の実質的理由は避暑・別荘の中心地、軽井沢を接収されては地域社会が困るというものであり、官民を挙げての反対であった。

この騒ぎに巻き込まれたのが、水上教授が所長である東京大学地震研究所の浅間火山観測所であった。浅間山の噴火災害防止のための観測ができなくなるという大義名分で、反対運動に加わることになってしまった。本当に火山観測の妨げになるかどうかを実証するために、駐留米軍立会いの下に、兵士の行進が地震計観測に支障を及ぼすか否か、現地で実験が行われた。当時はすでに反米の雰囲気が学生の間ではかなり広まっていたので、興奮した学生一同、水上研究室に押しかけ、「反対運動に協力させてください、何をやったらいいでしょうか?」。出てきた助手の人に「君たち学生が騒ぎ立てると、ことが紛糾する。黙って引っ込んでいてくれ」とぴしゃりと言われて、大いに憤慨して帰ってきたことを覚えている。

ある場所の地質調査をするということは、その地域をくまなく歩いて、全部を調べることだと理解していたので、浅間山全域を歩くことにした。しかし、特に山頂に近い部分では、あまりにも急傾斜なので、ロープを使う岩登りの技術を持たない素人には危なくて近付けない場所があった。前掛山の南東部および北東部急斜面がそれであった。また牙山《ぎっぱ》という、黒斑山塊の中心部の絶壁も、樹木が部分的に生えてはいたが、ほとんど登攀不可能な絶壁だった。それ以外の場所は、くまなく歩き回った。

しかし、だんだん歩き回るのが嫌になってきて、とうとう、うんざりする気持ちに落ち込んだ。浅間山を遠くから見るのも嫌になった時期があった。しかし、晴れた日に浅間を遠望すると、その山肌のあらゆる場所それぞれのクローズアップが目に浮かぶくらい、浅間山の地形に精通するようにはなった。

当時の日本社会では、個人の仕事に自動車を使うことなどは問題外で、一介の学生にとっては、ただただひたすら歩くことしかなかった。バス路線に近いところは別として、山中に分け入り、斜面を上り下りし、裾野をひたすら歩くことに時間を費やした。あまりにも能率が悪いので、できる限り現地近くで宿泊できれば好都合だった。浅間山の北麓は、今でもそうだが、キャベツの栽培で有名であった。旅館などないので、キャベツ農家に頼み込んで泊めてもらった。自分なりには相当頑張ったつもりで、夕方くたびれて帰ってくると、農家の人は誰もいない。暗くなりかけて帰ってきて、火をおこしはじめる。しばらくしてやっと夕食になる。ぶつ切りの野菜炒めなど、きわめて新鮮でおいしい。

たまに青虫などが一緒に煮込まれている。弁当込みの三食付きで、一泊一八〇円払ったことを覚えている。

さらに人里離れて山腹に近付くと、人家もなくなり、毎日往復に無駄歩きをしなければならなかった。鬼押出し溶岩流の西側などは、深い萱原をかき分けて行き、方角もわからなくなった。熊に気を付けろと村人に注意されて、大変怖かった。深い藪をかき分けて行くと萱の茎がこすれあう騒音などで見当識が損なわれ、熊と鉢合わせする危険があった。

天明噴火

火山としての浅間山が注目されるできごとの一つとして、約二四〇年前に起きた大規模噴火がある。天明三年（一七八三年）の五月からはじまり、約三カ月間続いた。江戸中期なので、辺境とはいえ、きわめて多くの観察記録が文書として残されている。噴火の様式は多岐にわたり、降下軽石火山灰の堆積、火砕流の流下、溶岩流の流下、後で述べるように奇妙な高速土石なだれの流下、それに伴う大洪水など多彩な現象であった。推定死者約一五〇〇人、降灰降砂による田畑の荒廃、吾妻川や利根川水系の氾濫、土砂埋積で莫大な損害を被った。

天明三年の噴火の堆積物は、浅間山前掛火山のうちでもっとも新しいものに属するから、現在の地表を覆っている面積がもっとも広い。その分布状況は、八木貞助氏が出版した『浅間山』（一九二九）という書籍に付属している地質図に、すでにくわしく表現されている。地質図を作るための現地調査は、越保氏《こしたもつ》によってなされたという。

その地質図の凡例に、興味を引く名前があった。「吾妻火山弾流」、「追分火山弾流」などである。火山学的用語としては、火山弾とは、火口からかなりの初速度をもって射出され、放物線を描いて空中を飛行し、地表に落下する岩塊を指す。したがって、飛来する火山弾が地表を流れるというのは矛盾した事柄である。しかし、浅間山の場合は、火山弾の形をした岩塊を特徴的に含む一種の火砕流ではないかとの予想をもって、自分自身の調査をはじめたのだった。結論から述べると、まさにそのようなタイプの、かなり特殊な火砕流であることがわかった。

浅間山の火砕流

第1章で述べたように、火砕流の本質は、今から一〇〇年以上前にラクロアがきわめて明確に指摘しているのだが、火砕流を実際に観察する機会というものは大変限られているから、専門家以外の人には、いわば異次元の世界であると言えた。しかし、浅間山に特別の関心を持っていた、大森房吉や寺田寅彦のような大先輩の書いたものを見ると、火砕流に特別の興味を持っていたらしいことがわかる。特にその流動のメカニズムについては、含蓄の深い考察をしていることがわかる。

浅間山で、私が生まれてはじめて対面した火砕流（の堆積物）は、熱雲型のものとは少し違って、丸みを帯びた、特徴的な形をして、火山弾に似た構造を持つ「本質岩塊」を主な構成物質とする「亜種」のようなものであった。

このような火砕流が、天明噴火の際には、二〇平方kmくらいの面積を覆い、古文書によると、椰木《なぎ》の大木からなる当時の密林を壊滅させたらしい。逆に、密林であったために、人は住んでおらず、したがって、この火砕流（吾妻火砕流）による犠牲者はなかったようである。噴火の一七〇年後に私が野外調査をはじめた頃は、堆積物の表面の一部は軽く溶結し、一部はザクザクの砂礫層であり、樹木はあまり生えていない裸地だった（それからさらに七〇年後の現在では、一部はかなり深く森林化していて、地表の様相は激変している）。そのような地形を、東から西へ五kmばかり歩いて調査していったら、突然四〇mくらいの崖の上に出た。それまでの、うねるように平坦で単調な地形とのコントラストが強烈であった。これはいったい何だろう…というわけで、崖面をくわしく調べはじめた。それから先は思いがけないことの連続で、やっと到達した結論は、他人に説明しても、果たして信用してくれるのかどうか、自分でもわからないようなストーリーになってしまった。

私が出した結論は、一七八三年（天明三年）八月四日（主にその午後）に噴出し、椰木の林に展開した「吾妻火砕流」が作る北麓の平坦な山麓面は、翌日（八月五日）午前一〇時過ぎ、山頂で起きた大爆発とともに放出された、大量の大型岩塊のなだれ流（鎌原岩屑なだれ）により掘削されて、最大四〇mの崖を生じた…というものであった。崖面はほぼ垂直であり、その縁の上には溶結した吾妻火砕流堆積物の破砕された塊（直径数メートル）が、跳ね上げられたような姿勢で載っているのが発見された。吾妻火砕流の発生時刻は、古文書によれば、八月四日の午後以降らしいから、それが溶結・固化して、その後二四時間以内に発生した高速の岩なだれの運動のエネルギーにより、破砕され、跳ね上げられ、崖の上に着陸したというのである。

　こんなにきわどい話は、岩塊の熱残留磁気が平行しているという事実から証明可能となる。偶然話がうまくつながったとでも言うべきかもしれないが、ストーリーをつなぎ合わせた本人が驚くような結末になった。この話は、私のはじめての論文のハイライトを飾ったのだが、その後今に至るまで、自分自身でも首をかしげるようなストーリーにもかかわらず、だれからも反論を受けたことはない。くわしくは、私の論文"The 1783 activity of Asama Volcano, Parts 1 & 2"として、Japanese Journal of Geology and Geophysics に印刷されたが、この学術雑誌は日本国内よりはむしろ国外でよく読まれていたような、やや特殊な雑誌であった。はじめての学術論文をしかも英語でいきなり書いたので、推敲にひどく手間取って往生したのを覚えている。

鎌原火砕流と岩屑なだれ

　浅間山天明三年の大噴火は、ある意味では単純なシナリオに沿ったイベントであった。太陽暦の五月九日の小爆発からはじまり、四五日間休んで、次は六月二五日にやや大きめの爆発を起こした。このときは火山灰が少し、北東方の麓に降った。次に一九日間休んで、七月一七日に爆発し、北麓に少量の軽石が堆積した。ここまでは散発的な噴火という印象であるが、七月二六日ごろから本格的な噴火がはじまり、だんだんと強い噴火が連続的に起きるようになった。数日経つと、古文書の記述も最大級の表現を使って、大変な噴火であると記述しているが、その後さらに噴火強度が上がると、形容詞を使いつくしたような格好となり、いったいどうなっているのか、噴火のすさまじさがどの程度なのか、客観的な描写が不足して、よくわからなくなってゆく印象である。実際には、降下火砕堆積物の調査から、プリニー式の噴火は、尻上がりに強くなっていき、最後に八月五日昼前のクライマックス（鎌原火砕流と岩屑なだれ）を迎えたらしいことが推測される。

日本に固有な文化として和紙と墨書があり、そのおかげで、世界の平均よりずば抜けて膨大な量の紙史料が残されていると聞いたことがあるが、浅間天明の噴火の記録も大量のものが残っているらしい。その中心となるものが、萩原進氏による古文書の集大成であり、群馬県文化事業振興会から五冊に及ぶ資料集として出版されている。萩原氏は、浅間山東麓の群馬県長野原町応桑の出身で、自分の故郷の歴史的大事件の記録保全に心血を注いだ人である。変体仮名などがよく読めない私にとっては、現代文に直してある資料集は大変役に立った。

同時に、古文書研究者からは、最近の厳しい方法論についての指導を受けた故に、古文書に書いてあることを額面通りに受け取らない習慣がついてしまった。疑ってかかると、確かに首をひねるような記述が多く見つかる。このことをよくわきまえたうえで、資料を読んでゆくと、噴火現象そのものや当時の人々の反応などが生き生きと眼前に浮かぶようで、実に興味深かった。このような歴史的記録と、自分自身で開拓していった現地での調査結果を引き合わせて、噴火当時の情景をまざまざと復元していく作業は、もちろんはじめての経験であり、私にとっては自然科学や歴史科学を融合した世界が目の前に広がってゆくような体験であった。

第4章　実験岩石学や巨大カルデラとの出会い
——フルブライト留学生としてアメリカへ

フルブライト留学生

指導教官の久野久教授に勧められて、アメリカのフルブライト留学生試験を受けた。初年度は失敗して、翌年再挑戦したら合格した。フルブライト留学生という制度は、第二次世界大戦後、アメリカ政府の主導でアメリカと世界各国の間に設けられた奨学金制度で、大学院留学が主体であった。

一九五七年（昭和三二年）七月に、横浜港から氷川丸（一万一六二二総トン）に乗って日本を離れ、約二週間の航海ののちアメリカ本土へ上陸した。太平洋を横断するというような長距離を旅行するのに、客船（氷川丸は正確には貨客船）に乗るのは、生まれてはじめてであり、また最後でもあると思う。その後氷川丸は、一九六〇年に最後のシアトル航海を終え、現在は横浜港に係留、国の重要文化財として保存されている。

上級二等船客という立派な待遇で、夕食は毎回、背広にネクタイ着用、船長以下、高級船員が同席するフォーマルなダイニングで、西洋流のエチケットを学ぶという段取りであった。当時日本では、敗戦後一二年経ったとはいえ、一般にはまだまだ食料不足であり、国民の食生活は十分とはいかない状態であった。そこへ、船上ではいきなりフルコースの立派な洋食で、制服のウェイターがサービスする夕食は、毎回A、Bの二つのコースからどちらかを選ぶという、大げさにいうと夢のようにぜいたくな待遇であった。同じテーブルに割り当てられたフルブライト留学生仲間の一人は、毎回、A、B両コースを平らげるという豪傑ぶりであった。

途中、ハワイのホノルル港に一泊し、生の英語の洗礼をはじめて受けた。生まれてはじめての外国の地で、外国人と英語をしゃべるという状況にすっかり圧倒されて、氷川丸のタラップを踏んでホノルルの岸壁に降り立った時には、身も心も硬直していた。最初に経験した英会話は、なんとアメリカ人から不意に話しかけられた時だった。ホノルルの町の通りの名を告げられて、そこへ行くにはどうしたらよいかという問いだった。もちろんどぎまぎしながら、「私はホノルルがはじめてなので、よくわかりません」と英語で答えるのが精一杯であった。あとで思うに、私はその時、アロハシャツを着ていたので、ハワイでごくふつうに見られる日系人三世くらいと見間違えられたのであったと思う。

二週間後に、アメリカ西海岸はシアトルに上陸した。そこで市内見物やホームステイを経験してから、豪華な大陸横断列車の個室寝台車に乗り、三日三晩かかって、ニューイングランド、バーモント州のベニントンという小さな町に到着した。夏季休暇中のため学生がいない、私立のベニントン大学の寮に、海外三〇カ国から集まったフルブライト留学生六〇名が六週間ほど滞在して、アメリカという国への「オリエンテーションコース」を受講した。日本からの留学生は六名で、国別では最大のグループであった。連日の授業のほか、地域住民との交流、ホームステイなど多彩なプログラムがあり、アメリカ合衆国という国へのイントロダクションとしては、手厚く、理想的な段取りであったと言えよう。

もちろん語学としての英語の授業も受けたのだが、冒頭、教師を務めるアメリカ人の先生から「日本人の方々だけに特にお願いしますが、どうか文法の細かい質問はしないでください。この授業は英語を習うのが目的ですから」と言われて面食らった。毎年日本から来る留学生が、英語の文法についてしつこく質問するのに閉口しているとのことであった。国際的に見て、当時の日本における英語教育は、それほどまでに文法偏重が際立っているのかと感じた。たとえば中南米からの学生は、英語と同じ系統の言葉（スペイン語、ポルトガル語）をしゃべっているはずなのに、はじめは英語が事実上しゃべれない者が多かった。しかし、一カ月も経つと、ちゃんと役に立つ英会話ができるようになった。一方、日本人のグループは例外なしに、期間中を通じてほとんど進歩が見られず、英会話は相変わらず下手であった。

しかしその後、アメリカに二年滞在して得た私自身の結論は、日本人の英語もそれほど捨てたものではないということであった。発音は悪く、日常会話はたどたどしいが、案外文法にはうるさく、クイーンズイングリッシュ（英国英語）で、アメリカ人のインテリには受けが悪くない。「要するに中身」だと言って、日本人同士で強がりを言っていたものである。ただし、それまで日本で受けた英語教育は、徹底的にクイーンズイングリッシュであったので、アメリカ英語に適応するまでには、かなりの努力と混乱があった。こうして二年間、しっかりアメリカ英語を叩き込まれて帰国した私を迎えた、大学の英語教師であった私の父の第一声は、「お前の英語はずいぶんdegenerateしたな」というものであった。

ニューイングランドの一部である、バーモント州の田舎町での二カ月は、古いアメリカの伝統の洗礼を受け、温かい家族的なもてなしを受けるのには最適であり、ピルグリムファーザーズの遺徳を味わうのには好適であったが、その後、実際に配置された大学は、また別の国のようなアメリカであったという衝撃を避けるわけにはいかなかった。

ペンシルバニア州立大学

留学先の希望として、ややあてずっぽうに、プリンストン、ハーバードと有名大学を書いたら希望者多数で断られ、第三志望のペンシルバニア州立大学（ペンステートと呼ぶ）に行くことになった。当時、ペンシルバニア州立大学は、実験岩石学の新興グループとして有名になっていた。実験岩石学が隆盛をきわめた一つの山は、一九二〇～四〇年代に世界を風靡した、カーネギー研究所の地球物理学研究所（Geophysical Laboratory）でなされた研究であった。ここから派生した学派の一つがペンシルバニア州立大学で、私が渡米した当時活動していたのである。火山活動の源である、マグマの行動を知るには、地下深所、高温高圧下における岩石物質の化学反応を理解することが肝心であるという「哲学」の下に、実験岩石学の意義がクローズアップされはじめていた時代であった。一年間の給費学生として、新しい分野を体験してみたいという希望を持っていた私に与えられたテーマは、Si-Al-H_2O系の平衡合成実験だった。

当時、世界最先端を行く合成装置は、試験管型と呼ばれる円筒形の容器で、その中に金や白金などのチューブに密封された試料を入れて、最高八〇〇℃、二五〇〇気圧という温度・圧力まで上げて、一～二週間くらい放置しておく。容器内の圧力媒体は水である。鉱物を形成する化学種は反応速度が遅いので、平衡に達するまでには、そのくらい時間がかかる。耐圧容器はニッケル、クロム、モリブデンなどを主成分とする特殊な合金で、高温高圧に耐えるというものだが、どうやら、製造元が保証する温度・強度範囲をはるかに超えた条件で使っていたらしい。現在では、一五〇〇℃、二〇〇万気圧以上の環境が実験室内で実現できるのだが、当時の最先端技術はそこまで行かなかった。マグマだまりの中で結晶が成長する環境としては、少し温度・圧力が不足していたが、仕方がなかった。

それでも二五〇〇気圧という圧力は、日常の生活体験の範囲をはるかに超えていたので、危険であり、細心の注意が必要であった。家庭用の圧力釜の安全弁は二気圧で飛んでしまうし、あの強力な蒸気機関車の蒸気圧でもせいぜい一六気圧である（D51型機関車の場合）。私が慣れ親しんできた浅間山の爆発的噴火では、火口でのガス圧力は三〇〇気圧くらいと見積もられていたが、それでも大音響での爆発はきわめて迫力があり、恐ろしいものだった。火山学の教科書にある「ブルカノ式噴火」である。

当時、教室の大学院への新入生は、まず先輩に連れられて実験室を案内される。天井を見上げると、モルタルに多くの穴が開いている。それらは、高圧の実験容器（ボンベ）が破裂して、その破片が猛烈な勢いで天井に激突して作った穴であった。それを見て、新入生は驚いて息をのむという塩梅であった。

ある時、指導教授との話し合いのもと、五〇〇〇気圧を目指した実験を試みた。もちろん教室でははじめての試みであったが、見事に失敗して、大音響とともに容器が爆発した。鼓膜がやられて、数日間よく聞こえなかった。建物中にいたすべての人々が私の周りに駆けつけてきたと思う。幸い、電気炉が緩衝材となって怪我はしなかったが、飛び散った断熱材の粉末で部屋中が粉だらけになった。私自身も頭から粉をかぶって真っ白になり、棒のように固くなって、突っ立っていたのを覚えている。今から思うと、とんでもなく危険で、無鉄砲なやり方であったのだが、ある意味では、世界の先頭を切ってやるのだという意気込みが、教授から大学院生までみなぎっていたのだった。

また、別の実験では、ガス炉で一九〇〇℃以上という高温を試みたが、要求される温度の精度がなかなか出ない。さんざん試した後、午前三時前後の実験が何とか使い物になることがわかった。都市ガスを誰も使わなくなる時間であるので、供給されるガスの圧力が安定していて、微妙な調節が可能になるという貴重な時間帯であった。そこで、下宿で毎日午後一〇時頃起床して、真夜中に大学の研究室に行き、夜通し実験をして明け方に仕事を終わり、日中は下宿に帰って寝るという、夜と昼が逆の生活を繰り返した。

余談であるが、日本に帰国した後、結膜炎か何かで眼医者に通ったことがあった。元大学教授で定年後、町医者として開業していた人が、私の目を診察して、突然「君は何か特別に高温の作業をしたことがあるかね?」と尋ねられた。強い光線による特殊な火傷のあとが網膜に残っているという。思い当たるのは、アメリカでの二〇〇〇℃あたりでの実験なのでその旨答えると、そうかといって自分の診断に満足しておられた。さすがに本物のプロは見抜くものだと感心した。

世界を驚かすような実験の成果は出せなかったが、学界のトップを行く研究者に親しく接し、講義を聞き、討論してもらう機会を得たことは、自分にとってかけがえのない一生の宝となった。教室主任のオズボーン(E. F. Osborn)教授は、ワシントンのカーネギー研究所から移ってきた人で、正統ボーエン(Bowen)学派の伝承者であった。彼の講義の中で、「鉄鋼王アンドリュー・カーネギーが寄付して作ったGeophysical Laboratoryについては、「世間的な実用性とは関係ない研究をすること」という条件を付けたという。そこでは、実用からかけ離れた「相平衡」の研究を一つのテーマとして選び、相律を使った相平衡図を多数生み出した。ところが、その精密な液相温度のデータが、溶鉱炉における鉄鉱石の製錬にとって大変役に立つことがわかり、結果的には、経済的に大きなプラスを生み出した」という話があった。感銘を受けたので、今でもはっきり覚えている。

タトル(O. F. Tuttle)教授は、穏やかで人好きのする、しかし、見かけを気にしない、茫漠とした表情をたたえている人であった。アイデアの天才とも言える人で、込み入った多次元の相図の講義をする時などは、だんだんと声が細く震えてきて、自分自身が考えを辿ってゆくのに、手探り状態である様子が伝わってきて、聞いている学生一同もそれに引き込まれて、息をのむような感じになるのであった。気相を含めた多成分系の相図となると、いわば四次元、五次元の空間を頭の中で組み立てながら考える必要があり、刺激的な体験であった。

インド出身のロイ（R. Roy）教授は、新進気鋭の秀才で、彼の機関銃のようなインド英語による講義は聞き分けるのが大変で、英語が母国語であるアメリカ人の学生が顔をしかめて必死になって聞いている様子が、傍で見るとおかしかった。

ロイ、タトル、オズボーンというような、それこそ当時世界一流の教授たちに個人的に付き合って、指導してもらったことは、本を読んだり、通り一遍の講義を聞くのとはまったく別種の体験であり、その後の自分の研究者としての人格形成の基幹となった。

大陸横断旅行

ところが、一年間頑張って実験を続けてゆくと、だんだん息苦しさを感じるようになってきた。野外へ出て、羽を伸ばしたいと思うようになった。そこで教授に掛け合って、長い夏休みをとることを許してもらった。ちょうどペンステート大学の滞在を終えて日本へ帰国する日本人研究者が、自動車を処分しようとしていたので、それを格安の一五〇ドルで譲ってもらうことができた。当時は一ドル三六〇円の固定為替レートの時代であったから、額面ではかなりの大金になるが、アメリカでの生活感覚では、一ドル一〇〇円くらいの感じであったから、たいそう格安な値段であった。しかし相当なポンコツであり、一〇〇マイルごとにエンジンオイルを一クォート（約一リットル）補給する必要があるという始末であった。当時の車は、世界中どこのメーカーでも、エンジンの機械的摩耗が激しく、したがって古い車はシリンダーからのオイル漏れが激しいのであった。

この一九五〇年型シボレー二ドアセダンに乗り込んで、速度は時速四五マイル（七二km）以上は絶対に出さないように心掛けて（修理工場のオーナーの忠告を忠実に守って）、往復一万二千マイルを二カ月間で走破した。ペンシルバニア州からカリフォルニアまで、往復の大陸横断旅行に六〇日かけたわけである。

ガソリンやオイル代がかさむので、ホテルには泊まらず、テントで野宿を続けた。六〇年も前のことだから、当時のアメリカでの自動車旅行は、今とは大いに違っていた。今ではちょっと遠いところまでドライブするには、インターステートと呼ばれる高速自動車道路を使うのだが、当時はそんなものはなく、国道（national highway）と言っても片側一車線の、広くもない道路をひたすら運転するのだった。ところどころにウェイサイドパークと呼ばれる、駐車スペースがあり、ピクニックテーブルと簡単なファイアプレース、すなわちブロックを積み上げて、火を焚いたり、炊事ができる場所があった。焚き木には、そばのごみかごから、牛乳パック（当時は厚紙に蠟をたっぷりしみこませたものので、実によく燃えた）を数枚拾って来れば、食事を作るには充分であった。夕食がすんだら、駐車した車のわきに一五ドルで買った一人用のテントを張り、スリーピングバッグに潜り込めば、朝までぐっすりと寝ることができた。スタインベックの有名な小説で『怒りの葡萄』というのがあり、これは今から九〇年近く前の話だが、私が野宿したのと同じような情景が描写されている。六〇年経った今では、アメリカでも、こんなことをしたら、ハイウェイパトロールにつかまって、たっぷり油を搾られることになるだろう。

私が目指したのは、ロッキー山脈とその西方にあるカスケード山脈であった。二年間在学したペンステート大学は、アパラチア山脈の真ん中にあり、そこからはグレートプレーンズと呼ばれる、アメリカ中央部に展開する広大な平地を横切らなければならなかった。そこは一直線の道が一本あり、行き交う車もまれで、トウモロコシや小麦畑だけが三六〇度見渡すかぎり広がっているという、日本人には衝撃的な世界であった。三〇分ごとに地平線に小さな建物が現れ、それが次の村であった。数軒ある農家を過ぎれば、また次の三〇分は平坦な畑の中の一本道であった。

私の目的地は、有名な火山地域、それに関連する地質学的な「名所」であった。アメリカ西海岸に沿って走るカスケード山脈には、ラッセン、シャスタ、フッド、レーニアなど多くの活火山がある(第11章参照)。さらにもっと古い、必ずしもはっきりした火山の地形を残していないが、浸食によって内部構造がよくわかるような火山の遺構がたくさんある。北アメリカの西部、ロッキー山脈以西は火山を含めて、地質学的な模式地がひしめいている場所である。

もっとも目覚ましく感じられたことは、植生がなく、岩石・地層の露出が際立っていることである。したがって、地層が水平に重なっているのか、褶曲構造であるのか、それとも断層によって不連続になっているのかなど、一目でわかることが衝撃的であった。有名なグランドキャニオンなどは特に圧倒的であり、カラーの垂直空中写真を撮れば、そのまま地質図になるとでもいうような感じであった。日本での進級論文、卒業論文、そして大学院での野外調査を通じて、深い植生と、それゆえにわかりづらい地質構造と格闘してきたことが突然、大変な無駄骨であったような気がしてきた。

大型カルデラとの出会い

大陸横断旅行の目的の一つが、大カルデラと大火砕流の表式地を訪れることであった。ニューメキシコ州北部のサンホアン山地にある、バイアス（Valles）カルデラとその周辺を取り巻く大火砕流台地を訪れた。すでに現地に入って調査活動をしている、二人の火山地質学者に会った。アメリカ地質調査所に勤めている、ロバート（ボブ）・L・スミス（Robert L. Smith）とロイ・ベイリー（Roy Bailey）両氏である。ロイ・ベイリーとは二年前に、彼が日本を訪れた時に親しくなり、彼のフィールドに招待されたのであった。

キーパーソンはボブ・スミスであり、彼はバイアスカルデラその他の大規模カルデラを徹底的に研究し、それを基礎に「バイアス型カルデラ」を提唱し、一世を風靡するようになった人であった。はじめて会った時の印象はイケメン紳士型の白人というところで、目立たない感じの人だと思った。紳士的な人で、兵役時代に大砲の暴発事故（?）で聴覚を損ね、常に強力な補聴器の助けを借りなければ、他人の声を聴き分けられなかった。温かい心を持ち、素晴らしいユーモアがあり、彼の寸鉄型のコメントは皆から高い評価と尊敬を受けていた。

彼とロイ・ベイリーの案内で、アメリカ地質調査所の伝統ある野外調査法の神髄に触れることができた。アメリカ西部は「ワイルドウェスト」そのものであり、乾燥して快適な野外でのキャンプ生活は、まさにウェスタン映画のカウボーイのそれであった。ちなみに、アメリカの原子爆弾製造の主役となったロスアラモス研究所は、バイアスカルデラを取り巻く大火砕流台地の上にある。森林の中、人里から遠く離れた場所であるから、秘密保持には最適であったのだろう。

スミスとベイリーは数年に及ぶ図幅調査の結果を出版し、バイアス型カルデラに関する論文を次々に出した。また彼らの野外地質調査のやり方を見て、日本で久野教授に仕込まれたやり方とまったく同じであることに、半ば驚くと同時に、（大げさに言うと）科学の方法論というものは世界中どこでも同じなのだということに、納得がいったのであった。その後、他の外国の研究者と交流するようになってからも、その感覚は変わらず、「科学に国境はない」という実感が身に付き、一研究者として国際学界に身をゆだねることになったのだと思う。

大規模火砕流の噴出が直接の引き金になって、直径二〇km以上の陥没カルデラができるわけだが、バイアス型の特徴は、浅くて大きなピストンシリンダー型の地下構造にあった。日本に多くある、小型のすり鉢型の陥没カルデラに親しんできた私には、異質に感じられる学説であったが、圧倒的なフィールドの証拠を前にしては、それを受け入れざるを得なかった。同時に、カルデラ陥没の原因となった火砕流の規模の大きさには圧倒された。ボブ・スミスはバイアスカルデラの外縁に広がる溶結した火砕流台地を徹底的に調査して、堆積物の内部層序、溶結構造などについての標準的なモデルを提案した。一〇〇万年以上前の噴出である二組の溶結火砕流堆積物は、新鮮で強い印象を受けた。

ロッキー山脈、シエラネバダ山脈

イエローストーンは、ワイオミング州の北西の隅にある、アメリカが世界に誇る国立公園である。面積は八九八〇平方㎞、大体鹿児島県全体に相当する広さである。その全域にほとんど人が住んでいない。いかにアメリカ西部が広大な土地であるかが実感できる場所である。

一八四八年にカリフォルニアからはじまったゴールドラッシュがきっかけとなり、それまでアメリカ東部に集中していた人口は、西部へ向かって開拓活動を広げていった。西部劇の映画で親しみ深い光景である。二一世紀的な批判精神で言うと、原住民であるインディアンを殺戮し、彼らの土地を収奪して、金銀をはじめとする鉱物資源を求めて（＝一攫千金を求めて）、老いも若きも、ひたすら西方へ向かって進んだ時代であった。

その尖兵を務めた、ヘイデン調査隊の一行が、ワイオミング州の山地に到達し、マディソン川のほとりにキャンプした。彼らは、自然の美しさに深い感銘を受け、この辺り一帯を自然保護地域に指定できないかという意見で一致した。連邦議会などへの働きかけを通じて、一八七二年にアメリカ最初の国立公園に指定するという法案が成立した。こういうわけで、イエローストーンはアメリカ合衆国に四〇〇以上ある国立公園の最初のものとなった（その中で日本流にいう狭義の国立公園の数は五九）。後から考えると、国立公園という制度ができたのはこれがはじめてであり、イエローストーンは世界で最初の国立公園であるということが広く受け入れられるようになった。もちろん、この広大な土地は、「ウイルダネス」と呼ばれる、人手がまったく入らない原始状態で永久に保存されることになった。

アーネスト・T・シートン著『動物記』という本は、私の子供の頃からの愛読書の一つであったが、そこには、主としてアメリカ西部の自然と、そこに住む野生動物の物語が生き生きと描かれていた。実は、あまりにも読む面白さに重点を置きすぎて、主人公の動物たちをやや擬人化した書きぶりに、自然を正しく描写していないという批判が学者から強くあり、今では昔ほど推薦されてはいない本ではある。その中に野生の灰色熊（グリズリーベア）の話が複数編あるが、イエローストーン公園の熊の話であると特別に断って書かれている物語が含まれている。一定の距離はおいているが、人と熊が共存している日常生活がユーモアをたっぷり交えて生き生きと描かれ、また自然の情景描写も迫力があり、若い頃の私自身の「まだ見ぬアメリカの西部」のイメージの主体をなしていた。

イエローストーン公園に入園して、いつもの通り、キャンプ場の一角に駐車し、脇に一人用のテントを張った。朝になるとあたりが騒々しいので、テントから首を出すと、目の前を大きな熊がのしのしと歩いている。後ろに一〇人くらい人間の子供が一列になって付いてくるのを従えて、キャンプ場の反対側までまっすぐに歩いていき、そこにぺたんと腰を下ろして、地下に埋めてあるごみ容器のふたに爪をかけて器用に開ける。そこで残飯をひとしきり食べると、また腰を上げて、別の場所へ一直線に歩いてゆく。どうやら毎朝の日課のようであった。まさにシートンが描いた通りの、グリズリー（灰色熊）のふるまいだった。

その時から六〇年後の現在、このような光景は、アメリカのどの国立公園でも見ることはできない。今では、安全管理が厳しくて、そもそも熊が目撃されたら、大騒ぎになって、パークレンジャーが出動し、観光客に退避を呼びかける。今の日本と同じような光景で、味気なくなったとも言える。

六〇年前の話に戻るが、公園内を一周する道路では、時々熊見物の車で渋滞が起きる。これを「ベアジャム（bear jam）」と言って、はるか前方に停まっている車に寄りかかって、立ち上がっている熊の姿が見えたら、渋滞のために次の三〇分は待つことになると観念した方がよい。誰もがカメラをつかんで駆け出し、熊が餌をもらっているところを撮影するのである。ある日、ベアジャムで停車していたら、中くらいの大きさの熊がやってきて反対側の窓から首を突っ込んで餌をねだった。うっかり窓のガラスを下げていたのだった。慌てて熊を怒鳴りつけ、なんとか撃退することができたが、よほど腹が減っていたのだろう、よだれを垂らしながら、助手席のシートにがぶりと噛みついた。鋭い二本の犬歯のあとがはっきりとシートに残されたのを、その後、ペンシルバニアに帰ってから友人たちに見せて自慢した。

一九五八年当時のイエローストーン国立公園は、間欠泉をはじめとする噴泉、温泉の流出で有名ではあったが、ここが世界でも有数の巨大カルデラであることなどは、少数の火山学者以外にはまだ知られていなかった。今ではこのことは、かなり有名になっている。バイアスカルデラの周囲に分布する、広大な火砕流堆積物の台地と同じものが、イエローストーンカルデラの外側に広がっていることがわかり、直径が五五×七二㎞にもなる大型カルデラの存在がはっきりしてきたのである。

現在の時点で、このような規模の噴火が起きれば、近隣の州を含めて、火砕流により何百万人の人々が被災し、アメリカ合衆国全体が火山灰に覆われてしまうという巨大災害になる。日本で起きれば、日本列島全体がすっぽり覆われてしまうくらいの面積が被害を受けることになる。日本最大規模の屈斜路カルデラや阿蘇カルデラよりも、はるかに大規模なカルデラ噴火である。地震や地殻変動の観測によると、現在でもイエローストーンカルデラの地下に大量のマグマが存在しているという。したがって、大噴火の可能性が否定できない。ただそのような大噴火は、過去に合計三回、今から二一〇万年前、一三〇万年前と六三万年前にそれぞれ起きているのであって、われわれ一人一人の一生の間に将来再び噴火する確率はきわめて低いものだとも言えるだろう。

イエローストーンカルデラからさらに西方へ九〇〇㎞離れて、南北につながっているのがシエラネバダ山脈である。アメリカ大陸の西海岸に沿って、南北七〇〇㎞もつながっている大山脈である。この山脈の骨組みを作っているのが、花崗岩を主体とする貫入岩体であり、今から一億年くらい前の大規模なマグマ活動によって形成された。このような地質構造を造山帯と呼ぶ。最近のくわしい地質調査によると、一〇〇㎞以上も続く大規模な花崗岩体はバソリスと呼ばれるが、それが実際には直径数キロメートル～二〇㎞くらいの、数多くの貫入岩体の集合であるという。岩体同士の隙間には、時に奇妙な岩石が層状に挟まっていて、それらは高度に変成した溶結凝灰岩であるという。そのような事実から、シエラネバダ山脈の現在の地表面は、多くのバイアス型カルデラの集合体の地下の横断面を見ているものだという仮説が提出された。その論文を読んで、感銘を受けた。本当にそうなのかもしれないと今でも思っている。

第5章　フランス気質、イギリス気質——火山をめぐるヨーロッパの国民性

パリへ

フルブライト留学生はアメリカでの勉学が終わったら、まっすぐ日本に帰国しなければならない決まりであった。もし自分の都合でさらにアメリカ滞在を希望するのだったら、帰国旅費は支給されない規則であった。それでも、何とかヨーロッパを訪れてから帰国したいと思い、親のすねを「がぶり」とかじって、資金を送ってもらい、アメリカでの二年分の懐かしい記憶とともに、一九五九年の夏、ペンシルバニア州立大学を後にした。

まずニューヨークに行き、日本領事館でヨーロッパ経由の旅券変更を願い出たら、だめだという。当時は日本人の外国旅行はきびしく制限されており、手続きは大変不自由であった。押し問答の挙句に拒絶され、がっかりしているところに、妙なおじさんがやってきて、何をもめているのかと、事情

を聴かれた。話を聞いて、「実は最近、君のようなもめ事が多いという苦情が来たので、私が日本から派遣されて来たのだ。君のケースが最初の仕事になるようだ」と言って、簡単にヨーロッパ行きの許可手続きをしてくれた。外務省の官僚などというと、融通の利かぬ堅苦しい人間ばかりかと思っていたが、型破りな人もいるものだと思って、ほっとした。

まずパリへ飛んで、東大理学部時代の先輩の飯山敏道氏宅へ居候の形でもぐりこんだ。ちょうど国際火山学会（IAV）[1]の年会がパリで開かれるところで、それに出席することにした。当時は、ソルボンヌと呼ばれたパリ大学のキャンパスが会場であり、世界最高峰の輝かしい学問の府へ出入りを許されるという状況をまぶしく思いながら、いかにも時代がかった重厚で立派な造りの教室を訪れた。

ところが、講演の中身は当てが外れて、妙なものが多かった。まず着飾った（？）妙齢の婦人が聴衆に多くいて、講演者は演劇役者のような身振りと語り口（フランス語でよくわからないが）で、主として婦人方へ向かって語り掛けるのである。中身は、火山地域への旅行記のように聞こえ、婦人方がにこやかに楽しそうに相槌を打っている。たまたま出席していた他の二人の日本人火山学者と一緒に、あっけにとられたが、どうも一九世紀の遺物のような感じの情景であった。

パリの国際火山学会

火山学とは言わず、地質学一般に言えることだが、一九世紀までの地球科学は、ハットン・ライエルの斉一論、キュヴィエらの天変地異説など、自然哲学の咲き誇っている世界であった。さらにさかのぼれば、ウェルナーの水成論に対するフランス・イギリス学派の火成論との論争の時代からの輝かしい伝統とでも言うべきだろうか。その時期は、地質学という学問が、世界創成の哲学とでも言うべきものに直結していて、当時のヨーロッパ知識階級の愛玩物というか、必須の教養というような、一種の流行現象でもあった。

たとえば、あの文豪ゲーテは鉱物・岩石の研究に夢中で、今日ゲーテハウスと呼ばれる博物館に行けば、彼の膨大な岩石鉱物のコレクションが見られる。文学の古典である彼の『イタリア紀行』では、訪れた地質学的名所の記述に多くのページが割かれている。たとえばベスビオ火山を訪れた彼は、噴火を身近に体験している。突然の噴火に遭遇して、火山弾が真近に落ちるなど、危険な体験をしたことを生き生きと描写している。ゲーテは熱烈な水成論者で、『ファウスト』の主人公、ファウスト博士の論法はゲーテ自身の意見を代弁している。論争相手のメフィストフェレスは火成論側の論客、すなわち非正統派であり、ゲーテ時代の社会的潮流を正確に反映している。また、リアリズムの巨匠スタンダールは、大ロマン小説『赤と黒』の中で、副主人公格の一人がいかに熱狂的な鉱物学マニアであったかを長々と描写している。

要するに当時の上級社会人には、地質学の話題を語ることが教養をひけらかす重要な道具であり、

（1） 国際火山学会（IAV: International Association of Volcanology）は一九一九年創立。一九六七年に国際火山学及び地球内部化学協会（IAVCEI: International Association of Volcanology and Chemistry of the Earth's Interior）と改称された。

彼らの文明度の高さを証明する物差しの一つであったのだ。ソルボンヌ大学の、時代がかった階段教室で繰り広げられていた光景は、まさにこのような一九世紀の遺物、伝承であると見れば納得されるものだった。

振り返ってみると、当時の火山学は他の自然科学の分野に比べて、近代化が遅れていたことになる。地球科学の分野でも、地球電磁気学、測地学、地震学などがすっかり近代化した時点で、地質学中心の火山学は、いまだに世紀遅れの状態であったといえるだろう。しかし第二次世界大戦後は、アメリカや日本では火山物理学の分野が急発展し、同時に岩石学や地球化学の分野も近代化していった。私がパリの国際火山学会の年会に出席した時点は、まさにこの時期であったと言える。

パリの学会の直後の野外見学旅行にも参加し、オーヴェルニュの火山地域を訪れた。ここは、フランスの中央部にある山地で、火成論の発祥の地でもある。水成論のリーダーであったウェルナーの忠実な弟子、レオポルト・フォン・ブッフが火成論者を打倒しようとして、オーヴェルニュに調査に来たところ、イタリアで見られる典型的な火山の地形・地質と同じものに出会って、その場で火成論者に転向したというエピソードは有名である。

日本に輸入され、売られていたボルヴィックというミネラルウォーターは、この地方の火山岩地域から湧き出す地下水であり、軟水が好きな日本人の好みに合っている。ボルヴィックとは地名であるが、古くはシーザーの軍隊がこの地を占領していた頃、ローマの兵士たちが故郷の火山と同じような地形を発見して、そこを「火山の村」と呼んだ、そのラテン語名からきている。

はるばる東洋から来た日本人として、火山学の古典的な場所を訪れるのに胸を躍らせて参加した見学旅行であったが、ここでも予想外の幻滅を味わった。見学旅行のリーダーであるグランジョー教授は、ソルボンヌの主任教授であり、フランスでは最高位の学者である。彼の父親も同じくソルボンヌの教授を務めた高名な学者と聞いた。

ところが、現地での説明は火山層序の記載だけであり、地層の固有名詞と地質時代を羅列するような調子の説明であった。自然残留磁気が反転している岩体と聞いて、サンプルを採ろうとハンマーを振り上げるたびに、ピーッと口笛がなって、バスが出発するからすぐ集合するようにと言われる始末で、標本を採ることもできなかった。その後も繰り返された同じような体験で、当時のヨーロッパの地質学界では、学者が自分のテリトリーを排他的に守ろうとして、部外者が自分の「領地」で調査したり、標本を採ることを妨げることがままあるということを知った。

話が飛ぶが、一九五九年パリの国際火山学会の年会で私が感じた火山学界の状況に関する印象は、その後さらに悪化した。一九六〇年代に、国際測地学地球物理学連合（ＩＵＧＧ）の執行部が、連合へ加盟している学会の一つである国際火山学会（ＩＡＶ）に対して、「ＩＡＶは学術的達成度が低いので、鋭意改善するように努力されたい。もし実行されなければＩＵＧＧから離脱することを勧める」という、とんでもない厳しい勧告を行ったのである。学者の集団としての国際火山学会にとっては、もちろん大変不名誉な指摘であった。

ショックを受けた一部の学者は、ほとんどクーデターのようなやり方で、それまでのイタリア・フランスの一部の学者を主体とした学会執行部には引退してもらって、アメリカ、イギリス、日本の学者を中心とする執行部に交替させ、火山学の近代化を急ぐことを推進した。私の師匠である久野教授や水上教授も改革派のメンバーとして活躍し、親しいアメリカの学者らと計らってこの計画を進めたのであった。国際火山学会の名誉のために付け加えると、その後、学会は大いに活発化し、マルチディシプリンの特徴を生かして、IUGGの重要で活発な一員として現在に至っている。

ソ連の火山学者集団

パリの国際会議には、当時の「ソビエト連邦」から大勢の火山研究者が参加していた。当時は西と東がはげしい冷戦状態にあり、彼らの行動はソ連邦政府の厳重な統制監視下におかれていて、単独行動は決して許されていなかった。フランス語と英語がとても達者な女性の通訳と、明らかに公安警察と見られる、眼光の鋭い男が付き添い、常に全員が一団となって行動していたので、きわめて目立った存在だった。第二次世界大戦以後、ソ連からははじめての国際会議への参加だったと聞く。

団長は国際的にはあまり知られていない人だったが、一人際立っていたのが、ゴルシコフ博士だった（第11章参照）。彼はカムチャツカ火山研究所の所長であり、国際的によく知られた研究者であったが、明らかに公安警察の者から特別に厳しく監視されているように見えた。幸いなことに、彼は私の論文を読んでくれていて、親しみをもっていろいろと話をしてくれた。ヨーロッパの紳士のような雰囲気で気品と威厳があるが、同時に温かい人柄が感じられる人だった。なぜか私には打ち解けて、青二才の生意気さは気にせず、研究者の心得などをさりげなく話してくれるというような様子であった。見学旅行などで、私とゴルシコフ氏の間で話が弾んで、一行から遅れて歩いていると、例の警察の男が引き返してきて、われわれ二人を監視するのであった。冷戦下にあるとはいえ、ソ連邦政府から警戒の目をもって監視されている様子は誰の目にも明らかであったので、彼の毅然たる態度には深い感銘を受けた。

ヨーロッパ、ドライブ旅行

予約しておいたレンタカーを受け取りに行く必要があったが、パリの凱旋門の周り（エトワールという）をぐるぐる回っている車の渦を見て、いっぺんに怖気づいてしまった。二年間慣れ親しんだアメリカ風の運転とはまったく異質の、目まぐるしくも恐ろしい光景であった。手も足も出ず、先輩の飯山氏に頼み込んで、レンタカーの会社から自宅まで運転を頼む羽目になった。

アメリカを出発する前に、ヨーロッパで車を運転する時の心得を書いた本を読んで、心の準備をしていたのだが、聞きしに勝る恐怖であった。まず、Fプレートの75ナンバーには気を付けろとある。Fプレートとは、フランス国籍であることを示す楕円形のプレートであり、75はナンバープレートの最後の二桁で、パリ県の区域を示す。パリのドライバーは危険であるという警告である。次に要注意なのが、I（イタリア）プレートのすべてのドライバーである。連中は歩道と車道の区別を気にしないし、出会い頭は居合抜きのような対決となり、先に進み出たものが、優先権を取る…といった具合である。各国のドライバーの気質やお国ぶりを面白おかしく書いたものを読んで、アメリカでは大いに楽しんだのだが、いざ本番になると、悠長でのんびり風のアメリカ式運転術は通用しないという深刻な恐怖感に襲われた。

それでも、用意万端整えて、イギリスを目指してパリを出発した。地球上どこでも、地域的に特徴のある運転術の文化とでも言うべきものがある。当時のパリでは、夜間でもスモールランプしか点灯しないというのが、その一つだった。街路の照明が十分行き渡っているので、本当のヘッドライトはつけないのが暗黙のルールであった。

ところが、パリを出てカレーへ向かい、国道一号線を夜分に北上すると、周囲は真っ暗である。よく見えないので、もちろんヘッドライトを点灯する。対向車が見えると、はるかかなたでも、相手がパッとスモールに切り替える。仕方がないのでこちらもスモールに切り替えるが、広くもない片側一車線の道路を、ほとんど真っ暗闇の状態で、双方時速一〇〇km近い速度ですれ違うのには肝を冷やした。こちらがスモールに切り替えるのが遅いと、相手はパッパと点滅を繰り返して、早くスモールにしろと催促する。気の短いドライバーが多い。もちろん、現在ではこのような運転のルールはフランスでも見られない。

ドーバー海峡をフェリーで渡って、イギリスに到着すると、突然、左側通行に変わる。道路の至るところに、「左側を通行」というサインがある。これは大いに役に立った。

イギリス気質

オックスフォード大学に先輩の上田誠也氏が滞在中だったので、会いに行く。翌日の午後、お茶の会があるから来るようにと言われて、顔を出す。がやがやと無礼講の雰囲気だが、これが世界に冠たる、オックスブリッジのエリート集団だと思うと、大いに緊張した。学生同士、くだけた雰囲気ではあるのだが、とびぬけて特徴のある、オックスブリッジ風の、鼻にかかったようなアクセントの英語を聞くと、それだけで緊張してしまう。

彼らの会話のテーマに特徴があることにすぐ気が付いた。ことあるごとにアメリカを肴にして、揶揄するのだ。私自身、アメリカの地質屋が皆はいているカーキ色のズボンをはいて、特徴ある短い髪型なので、一見してアメリカ帰り（アメリカかぶれ？）の日本人とわかり、目立ってしまう。アメリカ英語を話すのはまずいのだということにやっと気が付いた。何かにつけアメリカ人のことをからかい、軽蔑しようとする、かなり険悪な雰囲気が異様に感じられた。

今から思うに、イギリス人が当時持っていた、アメリカに対する劣等感の強烈な裏返しとでも言うべきものであったと思う。イギリスのインテリなら、おそらく第二次世界大戦の終結には、アメリカの力に頼らざるを得なかったという、絶望的な苦い屈辱感を、特にエリート階級に属する学生たちは、痛烈に味わっていたのだと思う。今の世代の人たちには信じられないかもしれないが、当時のヨーロッパの教養人がアメリカ人を見る目は、「教養もない下級市民の末裔どもが…」という感じのものがあったのである。

この種の反発は、フランスをはじめ、ヨーロッパ旅行の多くの場所で感じた。また、あるフランスの大学教授は、あからさまに英語はわからぬという意思表示をして、英語で会話することを拒否した。もちろんフランス人のエリートが英語を話せないなどということはあり得ないことなのだが。こちらも理解が進んだので、特に英語（米語）が嫌いなフランス人たちと話す時は、コンサイス仏和辞典を手にして、たどたどしくフランス語を話そうとする努力をしてみせることにした。買い物をしたデパートの売り子たちなどは、これが気に入ったようで、一生懸命、私のあやしいフランス語を正しく直してくれるのだった。

オックスフォード大学では、教授などにお目通りを願って、一通りの見学をした。特に、地質学の標本館、博物館の設備が完備しているのに衝撃を受けた。日本の大学研究機関で顕著に欠落しているのが、標本など、いろいろな記録を完璧に保全するという意識と意志と実行力であると感じた。

講師であるアグレル博士とは、ムライト－シリマナイト鉱物系のことで面談したが、やせぎすの典型的なイギリス紳士で、毒舌で有名な人だった。特に英語には気を付けたのだが、「今年の秋」というのを“this fall”と言いかけて、あわてて“this autumn”と言い直したら、彼はニヤリと笑って、正統英語でも“fall”と言って正しいのだよと教えてくれた。イギリス人は堅苦しくて無愛想だというが、その中身は温かくて案外人なつっこいのだと思いたい。

ユースホステルにて

ヨーロッパ本土に戻り、ベネルックス三国を通り、ドイツへ向かった。お金を節約しなければならないので、ユースホステルに泊まるようにした。規則では、“one's own steam”によって移動するものだけがユースホステルを利用できるので、自転車まではよいのだが、オートバイや自動車で旅行するものには利用資格がない。そこで数ブロック先で車を駐車して、後は歩いてホステルへ行き、宿泊を申しこんだ。泊り客の大部分は大学生で、ヨーロッパ各国の学生がごちゃ混ぜで、一緒の生活をするのが実に刺激的で面白かった。

ローマのユースホステルに泊まった時は、夜のオペラを観るために、特別にバスを出してくれたことがあった。有名な史跡であるカラカラ浴場の露天劇場で、オペラのアリアを聴いていた時、突然キーッというブレーキの音とともに、ガチャンと自動車がぶつかる音が響いた。一瞬、しーんとなったが、次の瞬間どっと笑い声が上がった。大真面目な歌劇の雰囲気もめちゃめちゃになった次第であった。

ユースホステルで、多くの国籍の人間が混ざっていることは、社会的に厳しい問題であることも実感させられた。まず自分の持ち物から絶対に目を離すことはできない。盗難の恐れがあるからである。相手の国籍を聞いたら、その国の長い歴史が背景にあることを考慮に入れて、会話をするなり、付き合わなければならない。日本では、相手の出身県を確かめてから話をはじめるということは普通ないだろう。千年以上に及ぶ西欧の長い歴史、お互いに征服し、征服されたという酷薄な歴史が、相手それぞれの背景としてあるのだ。一見、明るく無邪気に話し合う雰囲気の裏で、そのような基礎情報を常にスキャンしながら会話するということは、ずいぶん疲れると感じた。二〇歳にもならないような学生たちの、何気ないような会話の底には、案外冷酷な底流があるという事実を肌で感じて、愕然とした。

その反動として、われら日本人は実に単純な民族だと感じた。いまだ外国により征服されたことがない――実際はついこの間の戦争に負けて無条件降伏したのだが――その悲惨さを肌で感じていないと思った。この点日本は、アメリカ人と案外似ているとも思った。単純で簡単、ある意味、人が好いのである。

ドイツで大事故

ドイツの中央部、ライン川を挟んでボンの少し南に、アイフェルという火山地域がある。ヨーロッパのど真ん中に火山などあるのかと思われるかもしれないが、フランスのオーヴェルニュ地域と似たようなもので、さらに新しい火山活動の地域である。最近の噴火でも今から一万年くらい前であるから、活火山とは言えないかもしれないが、地質学的に見れば大変新しい火山活動である。小さな溶岩流や、マールと呼ばれる、円形の火口が数十個点在する地域で、火山学的には大変興味深いところである。

ボン大学の教授を訪ねて、いろいろ話を聞き、教授の命令で翌日、助手の人がわざわざ一日かけてアイフェル地域を案内してくれた。ドイツでは、大学教授の威厳というものは、ほかの国とは比べものにならないくらい大きいのである。助手の彼とともに多くの場所を見学できて満足したが、だいぶ疲れた。翌日は、約一〇〇km離れた、マールブルクにある大学の教授を訪れる約束がある。夕方、助手の人と別れて、ボンを出発して、マールブルクへ向けて国道を走り出した。そして大事故を引き起こしたのである。

ボンから四〇kmくらい行ったところで、スピードを出し、反対車線を次々に走ってくる、フルトレーラーのトラックの隙間をかいくぐって、ごぼう抜きにしていった時に、スリップ事故を起こしたのであった。一組のトレーラートラックは、一〇トン+一〇トンの重さがあり、それを追い抜くと反対方向から別のトラックが迫ってくるのが見えた。慌ててハンドルを切り、元の車線へ割り込んだが、ハンドルの切り戻しが強すぎてコントロールを失い、斜めにスキッドして、歩道へ乗り上げた。さらに歩道を突っ切って、電柱に横腹をぶっつけて止まった。

衝撃でしばらくぼーっとしていたが、国道を走っていた車はすべて停止して、人々がこちらに向かって駆け寄ってくるのが見えた。車を取り囲んだ人々が「ツーク、ツーク」と叫ぶのが聞こえた。「ツークとは、ドイツ語で列車という意味だが…」とぼんやり考えていたが、周りの人々が力を合わせて、掛け声とともに車を半分持ちあげ、向きを変えるようにした。その瞬間、轟音を上げて列車が横を通り過ぎていった。歩道の外側はなんと鉄道の線路だったのである。

電柱に横ざまにぶつけたため、ドアが変形して、すぐには外へ出られなかった。やっと外へ出ると、自分の置かれた状況が圧倒的な力で迫ってきた。なんと地球の反対側で、言葉がまったく通じない異国の地で、一人ぼっちで事故を起こしていた。まったく無力であった。途方に暮れるというのがすさまじい実感であった。

そこへ、一人のドイツ人がまっすぐ私の方にやってきて、英語で話しかけて来た。「自分は、家の窓から事故の一部始終を目撃していた。警察の調査には証言してあげるから、とりあえず現場を収拾しよう…」と言ってくれた。地獄に仏とはこのことである。多くの人々の助けを借りて、移動用のトラックを呼び、現場における警察の事故調査を受け、かのドイツ人の手配で、修理工場へ車を運んだ。レンタカーはフランス製のルノーであるから、ドイツの自動車屋にとっては商売敵《がたき》のようなものである。しかし、地元のルノーの協力工場をわざわざ探し出して手配をしてくれたのである。

工場は家族経営の小さなもので、ご主人は第二次世界大戦で出征し、負傷して、ソ連軍の捕虜になったという。足が不自由で、引きずるようにして歩いていた。レンタカーの書類を見ると、すべての事故損失をカバーするという、最上級の保険がかかっていることが判明した。そこで、車を現地で修理して、さらに旅行を続けることが可能であることがわかった。私がその希望を伝えると、ご主人は、わかったと言って、すぐさま応急修理に取り掛かった。従業員二、三人の小さな修理工場なので、修理が終わるまでにたっぷり一週間かかった。

その間、することもなく、村の中を歩き回ったり、昼飯を工場で奥さんに呼ばれて話をしたり、ぶらぶらするよりほかに、することがなかった。工場の一家はフィッシャーさんと言い、いかにもしっかり者ですべてを仕切っている奥さん＝フラウ・フィッシャー、とても素直で感じのいい兄妹二人、それにフィッシャー氏本人という四人家族だった。身振り手振りで、ドイツ語を話そうとしているうちに、旧制高校で習ったドイツ語が少しずつだが思い出されてくる。フラウ・フィッシャーはとても喜んで、「この子はドイツ語の覚えが早い」と喜んでいた。実は、そんな話ではなく、ドイツ語は第二外国語として三年間みっちり学んだはずなのだが、あえて言い訳はしないでおいた。現場で証人になってくれ、面倒を見てくれたドイツ人やこのフィッシャー家の人々など、実に温かい思い出となっている。

悶々と一週間、修理を待っている間、どうして事故を起こしたのかを反省してみた。夕方で暗くなりかけていた時刻で、一日中動き回って疲れていたうえ、マールブルクまで早く到着しなければならないというわけで、焦っていて、体調的には最悪だった。レンタカーは、フランス製のルノー5CV、ドフィーヌという新車で、この一つ前の型式のルノー4CVは、日本でもコピー生産され、タクシーなどに広く使われ、日本人にも人気があった。後輪駆動、後置エンジンという、あのフォルクスワーゲンと同じレイアウトだが、問題なのは、二年間アメリカ車で運転を覚えた私自身であった。

アメ車は前置エンジン後輪駆動で、ハンドルの遊びが大きく、万事ゆったりしていた。新鋭のルノー5CVは、ハンドルの遊びがまったくなく、ステアリングはとても敏感であり、逆の重量配分と駆動方式は、それに不慣れのドライバーにとっては、大いに危険であった。それに当時アメ車のタイヤはバイアスタイヤという古い形式だったが、借りたルノーは新式のラジアルタイヤで、これは同じ空気圧でも、見かけがぺしゃんこで、私はそれが気になって、運転中、つい空気を入れすぎていた。もちろん、高すぎる空気圧は、タイヤのグリップ性能を阻害してスリップしやすくする。事故当時は、ちょうど雨がぽつぽつ降りだした時で、ぬれはじめの路面はもっともスリップしやすい条件であった。しかも、国道という幹線道路にもかかわらず、なんと石畳舗装であった。すべての条件は高速運転に不利な組み合わせだった。もちろん、最大の原因は、ドライバーの無謀運転であり、速度の出しすぎ、追い越し時のパニック操舵にあった。

ステアリングの切り返しがオーバーで、グリップを失った車は、幸い転覆しないで、四輪接地のまま斜めに路面を滑っていき、歩道の縁石に水平方向に激突した。そのため、鉄製の車輪（ホイール）部分が衝撃を吸収し、ぐにゃりと変形した。タイヤはパンクしなかった。衝撃は車軸によっても吸収され、懸架装置と後輪駆動のメカが破壊された。当時の車には、シートベルトは装備されていなかったので、車内の私は、まるで靴箱の中のボールのように滅茶苦茶に振り回され、あちこちにぶつかったが、どういうわけだか切り傷一つなく、打ち身だけで助かった。窓ガラスも割れず、変形したドア一枚を丸々取り換えるだけですんだ。他人の自動車や器物には損傷を与えず、自損事故で誰も怪我をしなかったのが、不幸中の幸いであった。

何よりも幸運だったのは、自分の車が、多数のトレーラートラックのわずかな隙間を縫って、車線を横切ってスキッドしていった時、トラックと衝突しなかったことである。これから残りの一生分の幸運をこの事故で使い切ってしまったと感じた。本人は心から改心して、今後は絶対に無理な運転を

写真 5-1　応急修理のまま運転したレンタカーのルノー 5CV

しないと心に誓った。今でもそう思っている。

ついに一週間経って、フィッシャー氏が修理完了を宣言した。フラウ・フィッシャーは「よかったね。今後は注意してゆっくり運転してゆきなさい」と言ってくれた。ところが、これを聞いたフィッシャー氏は「いや、そんな必要はない。メカニズムは完全に修理したのだから、走行性能は元通りだ。時速一〇〇km出しても問題ない」と言う。いかにも、ドイツのエンジニア魂だと感銘を受けた。塗装仕上げは保険契約には含まれていないので省略され、赤褐色の下塗り塗料のままのドアや、ところどころベコベコの外板という有様に、対向車のドライバーが目を見張るような状態で、残りの数千キロメートルを走破することになった（写真5－1）。

修理代は全部保険で支払われたので、自分自身は一マルクも負担せず、大いに助かった。そのおかげで、空費した一週間分の旅程を省略しただけで、残りの旅を続けることができた。つづら折れのアルプス越えハイウエイでは、ス

写真 5-2　ポッツオーリのセラピオ神殿遺跡
3本の柱に残る穿孔貝の穴の跡は，地殻変動による過去の海面の昇降を示す．

ポーツカーのものすごいスピード追い抜きに肝を冷やしながら、だんだんとヨーロッパ流のドライブテクニックにも慣れてきた。

火山学揺籃の地——イタリア

世界の火山学の揺籃の地である、南イタリア、ナポリからシシリー島を目指した。ナポリの西にあるカンピフレグレイカルデラ（第15章参照）では、ギリシャ時代のセラピオ神殿の遺跡に立つ、三本の柱に残っている穿孔貝の穴を見て、有名なライエルの著書"Principles of Geology"の口絵に載っている絵とそっくりであることに驚嘆し、感激した（写真5-2）。

自動車でやってきた、見慣れない妙な東洋人が、恭しく書籍をめくっているのがよほど珍しいらしく、子供が山のように集まってきて、飽きもせずじっと見つめている。木陰で昼食のパンを食べようとすると、ぐるりと取り囲んで、ひたすら、じっと覗き込む。大人たちもあまり違わなく、「フィリッピーノ?」「ノー!」、「チネーゼ?」「ノー!」…あとはもうわからなくなってしまう。「ジャポネーゼ!」と言うと、うなずいて、「ああ、蔣介石か」という始末。当時の南イタリアでは、一生に一度も、日本人を見たことがない里人が多かったらしい。あまりにもうるさく尋ねられるので、日の丸にJapanと書いた紙を車の窓ガラスに貼ることにした。

アメリカでの大陸横断の時の経験から、ヨーロッパでのドライブでも、テントを張って野宿しようとしたのだが、人目が多くてとても実行できないことがわかった。その代わり、有料のキャンプ場がところどころにあったので、それを利用することにした。村はずれの何もないところに、周りを鉄条網で囲った一角がキャンプ場であり、その中に外国人の旅行者たちが、それぞれの車を停め、わきにテントを張って、携帯コンロで炊事をはじめている。私もそれに加わるのだが、夕方になると、食事を終えた村人たちが、三々五々、爪楊枝をくわえて見物にやってくる。まるで、牧場の囲いの中の牛や羊を見に来るというような光景である。当時の南イタリアでは、カーキャンピングというのはそれほど珍しいものだったようだ。

ヨーロッパを巡る、一カ月の自動車旅行も、無事と言えるかどうかわからないが、とにかく終わりに近づいた。約九千kmを走破した。パリを出発した時は恐る恐る運転していたのが、イタリアなどで鍛えられたゆえであろう、すっかり板についたヨーロッパ流の運転ぶりでパリに帰ってきて、エトワールの混雑など蹴散らす勢いでびくともしなかった。

振り返ると、なかなか内容豊富な経験であった。学生時代にあこがれていた、あるいは教科書で読んでいた、地質学、火山学の古典的なモニュメントを訪れ、先人が歩いたルートを辿り、彼らの体験をなぞって、一人前の火山研究者としての洗礼を受けたような気分を味わうことができた。

ドイツでの大事故の細かい経緯は、両親には死ぬまで、絶対に話さないことにした。その前に、太平洋戦争の最中に、空襲などで何度か死にかけた場面に遭遇したのだが、自分の仕事のうえでは、命にかかわるような事故もなく、その後無事に過ごしてきたことは、ドイツでの事故のおかげであるのかもしれないと思っている。

第6章　ハワイの楯状火山はなぜ上に凸か——キラウエア火山一九六三年噴火

噴火だ！

「エラプション！エラプション！（噴火した！噴火したよ！）」と、ミセス・ウェントワースが大声で叫んでいた。一九六三年八月二一日の夕方、ハワイ火山観測所のやや広い観測室である。ミセス・ウェントワースは、アメリカ地質調査所の名誉所員であるウェントワース（C. K. Wentworth）博士の夫人である。夫のウェントワース博士は、火山砕屑物の組織的分類命名法を提案したことで世界的に有名な人だが、退職後ハワイ島に住み悠々自適、夫婦ともに気楽に観測所に顔を出している常連であった。ウェントワース夫人は、ゆったりとしたムームーを着て、度の強い眼鏡をかけている、いかつい大女であったが、気さくな話しぶりで、しかし、ものすごく立派なクイーンズイングリッシュをゆっくり話した。日本の学校で習った通りの（アメリカでは、普通とても聞くことができない）素晴らしい英語に圧倒されて、われわれは常々尊敬の念を抱いてお話を聞いていた。

その人が、噴火がはじまるという場面になると、人が変わったように騒々しく「噴火だ、噴火だ…」と叫んでいるのが、驚きで、また印象的だった。というよりは、日ごろ余裕たっぷりで、ユーモアを欠かさない所員たちの雰囲気が、打って変わって騒々しく、大声を出して走り回るのを眺めると、「ははあ、アメリカ人もいざとなると慌てるんだな…」と思ってなんとなくおかしかった。

ハワイ・キラウエア火山で突然噴火がはじまったのである。あまり立派ではない木造の建物ではあるが、アメリカ地質調査所が世界に誇るハワイ火山観測所は、キラウエアカルデラの北西の縁にあって、さほど広くもないカルデラ全体を見渡せる崖の上にある。研究者たちが緊張した面持ちで覗き込んでいる地震計の煤書きドラムには、カタカタと音を立てるペンが大地の激しい振動を絶え間なく描き出している。火山性微動が発生していて、火山のどこかで噴火が連続して起きていることを示唆している。窓から外の様子を懸命に双眼鏡で覗いている人もいる。どこで噴火しているか探している様子である。

そのうちに噴火確認の第一報が入ってきた。ハワイ国立公園のレンジャーからの通報で、アラエ火口（Alae crater）の近くだという。観測室内は騒然となって、現場に駆けつけるため、機材や装具をまとめる人々でざわめきだした。

なぜ私がその場に居合わせたかというと、その日、一日野外でトランシットを覗いて方位測定を繰り返す作業を終え、やっと観測所に帰り着いたところだったからである。かなりくたびれて、うんざりした気持ちで、夕食を心待ちにしながら、観測所まで帰ってきたのであった。

「かごしま丸」という日本の海洋調査練習船がわれわれの方位測定のターゲットであり、日米共同研究の一環としてハワイ島の南岸沖の測深作業を行っていたのであった。なぜ海底地形を調べるかというと、海底からそびえる巨大なハワイ火山は、しばしば大規模な山体崩壊を起こし、その崩壊地形が海洋底に広がっているという予想を確かめるためであった。一九六三年当時は、海洋火山体の大規模崩壊というモデルそのものがきわめて斬新であり、当時のハワイ火山観測所の所長をしていた、ジム・ムーア（J. G. Moore）博士のアイデアであった。音響測深を行うためには、精密な位置測定を行う必要があり、ＧＰＳ装置などはない当時では、船上のレーダー観測と陸上からの三角測量の組み合わせしか方法がなかった。「かごしま丸」はほぼ一日をかけて、ハワイ・キラウエア火山の南岸を細かく往復して、詳細な海底地形図を作ろうとしていたのである。われわれ陸上班は二組に分かれて、キラウエア火山の南斜面を走る、ヒリナパリという高さ七〇〇ｍの断層崖の縁から、「かごしま丸」を狙って三角測量をしていた、というわけである。

日米火山共同調査とハワイ火山

われわれ日本の研究者グループは、東京大学地震研究所の水上武教授を団長とした六名で、一カ月前からハワイ火山観測所に滞在し、キラウエア火山の調査をはじめていた。主眼は日本とハワイの火山の特徴を主として地球物理学的に調査、比較してみようというところにあった。私自身はおまけの

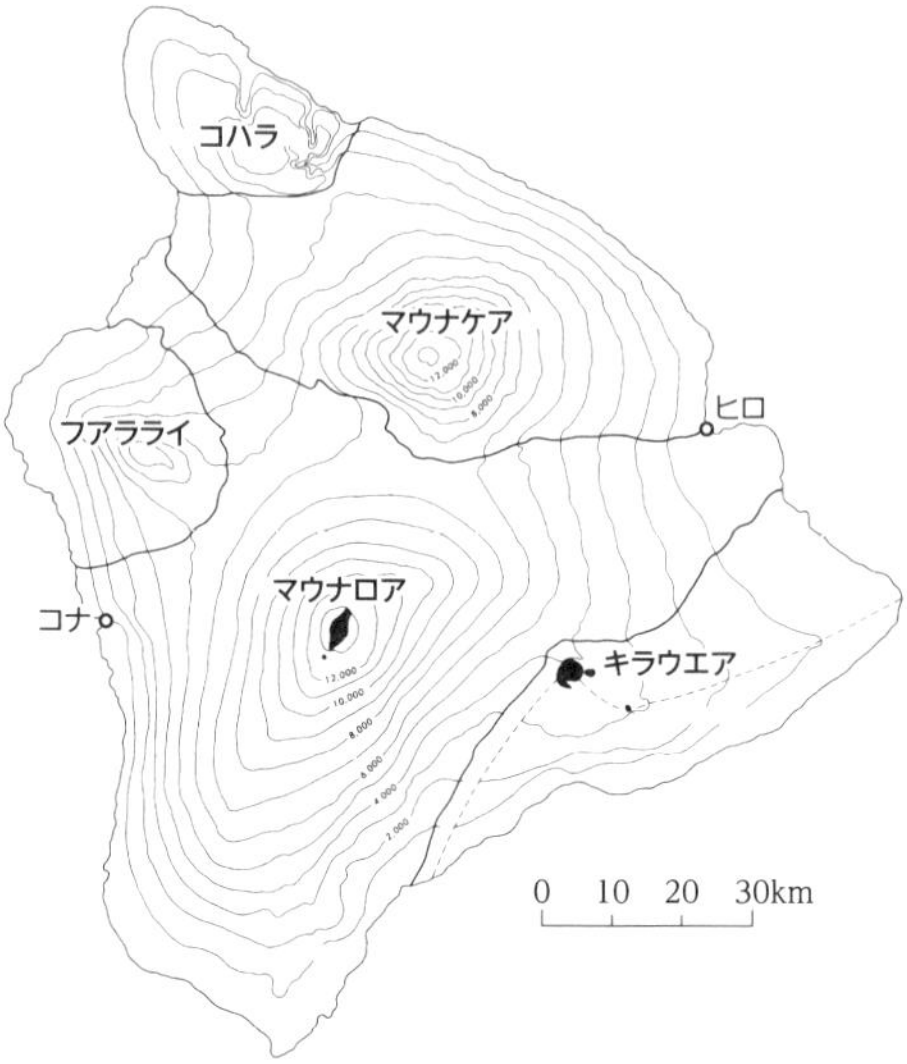

図 6-1　ハワイ島の 5 個の火山
いずれも楯状火山.

ようなもので、地質・岩石学的な面を担当することになっていた。

火山の研究をはじめて、すでに一〇年経ち、博士号も取っていたので、火山なら何でも（一通り）わかっているという自惚れを持っていた。ところが、ハワイの火山に来て、ひどく勝手が違うのに気が付いた。ハワイの火山と日本の火山とは、その大きさから形態・構造までまったく違う種類のものであった（図6－1）。私が博士論文とした浅間山はせいぜい七〇立方kmの体積だが、ハワイのマウナロア火山は、七万五千立方kmもある。なんと一〇〇〇倍以上も違うのだ。山体の傾斜ははなはだ緩くて、遠くから見るとぺしゃんこで、高さがまるで感じられない（写真6－1）。しかし、山頂は海抜高度四〇〇〇m以上あり（浅間

写真 6-1　マウナロア火山（上）とマウナケア火山（下）
両火山ともに，傾斜の緩い斜面を持つ楯状火山である．

山は海抜二五六八m）、実際には水深五〇〇〇mの太平洋底から火山が直接成長しているので、実質九〇〇〇mの高さの単一の火山ということになる。所長のジム・ムーア博士によると、「地上最大の斜面は（ヒマラヤではなく）ハワイにある」ということである。

山腹の傾斜の度合いも違う。日本の火山は、富士山型の円錐形の成層火山が多いが、ハワイの火山は楯状火山と呼ばれ、西洋の騎士が持つ円形の盾を平らに伏せたような形をしている。富士山型の成層火山は、上に凹の傾斜を持ち（頂上に火口がある円錐形）、緩い傾斜の裾野から、中腹にかけてだんだん傾斜がきつくなり、山頂近くでは三五度かそれ以上の急傾斜になる。ハワイ型の楯状火山では逆で、上に凸であり、山麓がもっとも急傾斜で、頂上に行くにつれ緩傾斜になる。

ハワイ島のヒロ空港に降り立って、レンタカーを借りて、山頂の火山観測所を目指すと、はじめは緩い登りである。山頂へ近付くほど登りがさらに緩くなる。山頂部では傾斜がゼロになるわけで、いったいどこが山頂なのかはっきりせず、不安になる。山頂に到着して周囲を見回すと、火山の裾野が見えない。湧き上がってくる雲しか視野に入らない。何か、小さな惑星の上にいるような気持ちになる。サンテグジュペリの「星の王子様」が持っている小さな惑星のような感じである。

富士山型の日本の山に登った人は、山頂から山麓の斜面をすべて見渡すことができる。頂上からは、八合目にいる人も、五合目にいる人も、馬返しにいる人も、もっと遠くの裾野まで、全部見渡せる。日本人にとって、このように、山頂から麓が見渡せない山など異様な感じである。これが、ハワイ型の楯状火山と富士山型の成層火山の地形の特徴の違いである。この違いはなぜなのだろうか？

ハワイ型と富士山型の火山地形の違い

現在の火山学でもはっきりした説明は見当たらないのだが、一つの説を考えてみよう。日本の富士山型の成層火山の裾野は、火砕流や泥流、土石流のような流れ堆積物でできている。堆積物の最大静止角は五度くらいかそれ以下である。円錐形の山体の主な部分（すなわち中腹の部分）は、溶岩流と火砕物（火山岩塊、火山礫、火山灰）の互層（交互に重なった層）であり、静止角は約三五度かそれ以下である。山頂部のもっと急傾斜の部分は、山頂噴火の際の溶岩噴泉かそれに近いような高温で粘性を保ったマグマの破片が降り積もって、溶結したもの（アグルチネート、溶結火砕岩）が主体となり、三五度以上の急斜面を形成することが可能である。こうして、三種類の成因が重なりあって、山頂へ行くほど急傾斜の斜面ができ上がる。

基盤の原地形が平坦であるなら、成層火山の裾野は限りなく遠方まで水平に近い傾斜で広がって、美しい裾野が展開される。山地が多い日本ではそのような機会はあまりないのだが、どういうわけか富士山の周囲は広い平坦な地形があったので、世界遺産として皆から称賛されるような美しい景観が作られた。山容としては、富士山の場合は、あるいは爆発的な噴火の効果が大きすぎたのか、山頂火口が大き過ぎ、横から見て裁頭円錐形のシルエットとなっているが、世界中を見渡すとフィリピンのマヨン火山、ニカラグアのモモトンボ火山などのように、もっと山頂が尖った（火口の小さい）形態が成層火山の典型だと思われる。

一方、ハワイ型の楯状火山は、上に向かって凸のプロファイルが特徴で、これがどうやってできるのか、うまい説明を聞いたことがない。まず、構成単位の九五％以上が玄武岩質の溶岩流であって、日本で代表的な安山岩質の溶岩流よりは、はるかに流動性に富み、薄くて遠くまで流れる特性がある。このような溶岩をいくら大量に流し出しても、急傾斜の山体を作ることはできない。火砕堆積物は急斜面を作る場合があるが、ハワイ型の楯状火山の主体では、火砕物は五％以下しかない。富士山型成層火山と違って、なぜ上に向かって凸の地形を作るのかは、自分でもよくわからない。今のところ、火山学のどの教科書にも書いていない。

上に凸とか凹とかいう議論は、実は陸上の火山体に限っての比較であって、ハワイの火山の場合は陸上よりも海中に隠れている山体の方がはるかに大きいのである。しかし、五〇〇〇mの大洋底にまで達する、より大容量の山体の調査は、研究者がだれも手を付けていない、未知の領域である。噴火は、おそらく深さ五〇〇〇mの深海底ではじまった。無人、有人の潜水艇を使えば、その深さでの海底噴火の実例を大雑把に調査することは今でも可能である。ハワイ近海では、一九八〇〜八四年に日本とアメリカの共同調査として、「しんかい六五〇〇」の潜航調査が行われた。私自身もその企画に参画したのだが、深海の調査では実に面白い結果が続々と出てくるものだと感じた。逆に言えば、これまで深海のことはほとんど何もわかっていないということになる。

話が最初に戻るが、ハワイ火山観測所は当時、世界的に見ても超有名な研究機関であった。一九〇九年に、マサチューセッツ工科大学のジャガー（T. A. Jagger）博士は、教授の椅子を投げ打って、ハワイに移り住み、現地で火山の噴火活動の観測研究に打ち込むことを決めた。キラウエアカルデラの縁に小さな観測室を建て、地震計を設置して、火口の近傍で起きる火山性地震と噴火活動の関係などをくわしく調べた。このジャガー博士の研究所から定期的に発行される、ボルケーノレター（Volcano Letter）という報告書は世界的に有名になった。この施設は一九二四年以降、アメリカ地質調査所のハワイ火山観測所に引き継がれ、活発な研究活動は現在まで続いている。

噴火の現場、アラエ火口へ

さて、噴火地点はアラエ火口の辺りだということがわかったので、われわれ研究者は数台の車に分乗して出発した。日はとっぷり暮れて、気は急くが、くねくね曲がった国立公園内の道路はスピードを出せるようには作られていない。途中に、家畜（おそらく牛）が逃げ出すのを防ぐために柵が設けられている。前の車の運転手が、車を降りて柵を開けに行った。サイドブレーキを十分引いていなかったので、車がずるずると、後続のわれわれの車の方に戻ってくる。あわてて、クラクションを力いっぱい押す。彼は大急ぎで車に戻り、ブレーキをかける。要するに皆慌てふためいている状況であることがよくわかる。

アラエ火口はイーストリフトゾーン（East Rift Zone）に沿って展開する火口列の一つで、観測所から直線距離で南東へ一二㎞離れたところにある（図6－2）。ジャングルの向こう側に溶岩噴泉が見えてきた。割れ目噴火であるから、一直線に伸びた噴火割れ目から、幕状に高温の溶岩が吹き上がる、「火のカーテン」と呼ばれるものだ。暗闇の中、赤色から橙色に輝いた溶岩が壁のように吹き上がっていて、壮観である。

最初に強い印象を受けたのが、静かで異様な音である。いや、音とまで言えないような、不思議な感覚である。「ふぉーん」とでも書き表したらよいのか、騒がしくなく、腹にしみるような振動の感覚である。音ではない。思わず立ち止まって、聞き入る…というよりは、感じ入るとでもいうような状態である。人間の聴覚が聞き分けられる低音部は三〇ヘルツあたりまでだという。それより低周波の空気の振動が起きているのだと理解した。いずれにせよ大変力強いものであり、マグマの強大なエネルギーに身体を直接つかまれて揺すられているという感覚であった。

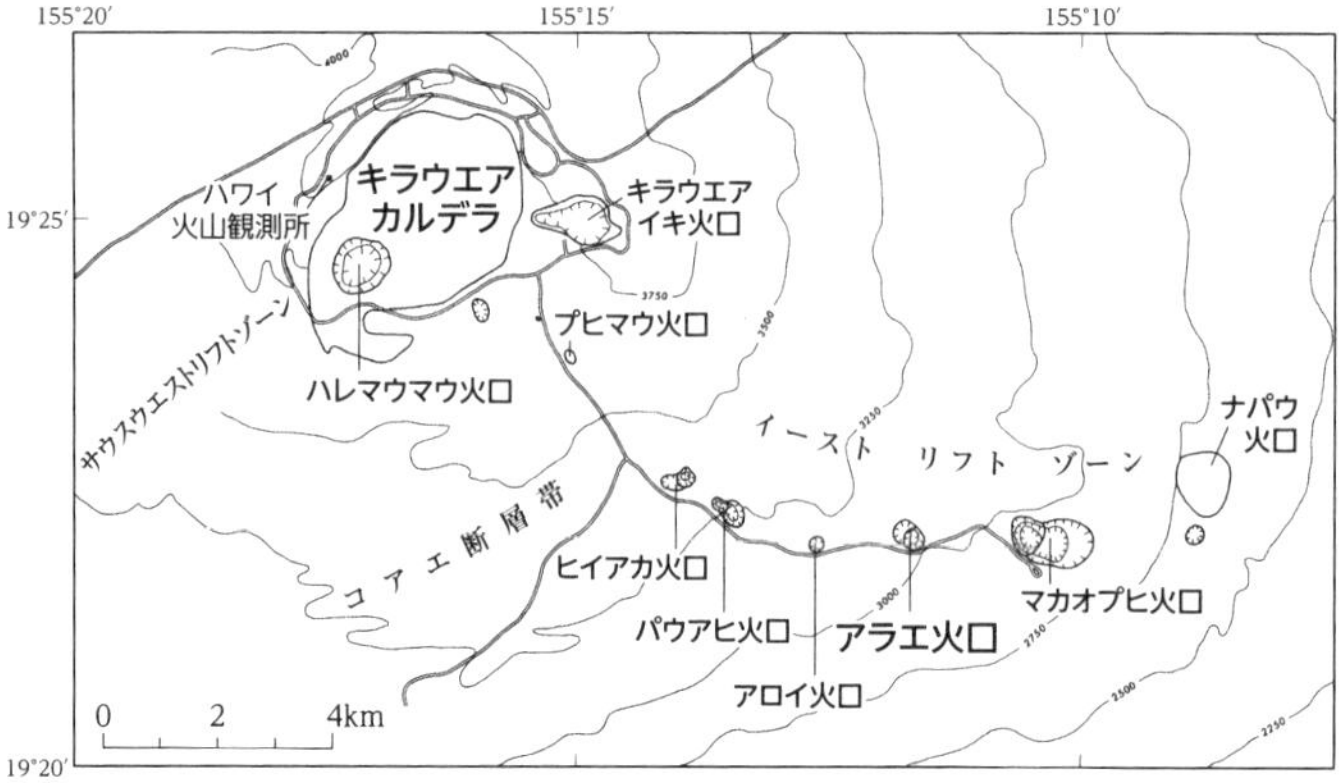

図6-2　キラウエア火山のイーストリフトゾーン（Peck and Kinoshita, 1979）
1963年当時の，キラウエアカルデラに近い部分だけを示す．

溶岩噴泉と溶岩湖

アラエ火口は典型的なピットクレーターであり、イーストリフトゾーンに沿って、十数個ある火口の一つである。図6-3に示すように、長径六四〇m、短径四六〇mの楕円形で垂直な壁を持つ大きな穴である。深さは約一〇〇mあり、陥没によって生じた。歴史時代前の噴火活動だが、どのくらいのマグマが地下から噴出したのかはわかっていない。むしろ、最後に、地下のマグマがより深いところに沈下したため、火口全体が陥没して、垂直な壁を持つ穴ができ上がった。その後、しばらく経ってから、別の噴火が起こり、火口の底が新しい溶岩湖で満たされた。固結した溶岩湖の東三分の二がさらに陥没し、西側三分の一は棚のようになって残された。それが一九六三年の噴火当時のアラエ火口の地形である。

今度の噴火は、図6-3でA—Bと示した線上に割れ目ができて、そこから噴火した。したがって、A側はアラエ火口の外側の平地にできた割れ目であるのに対し、

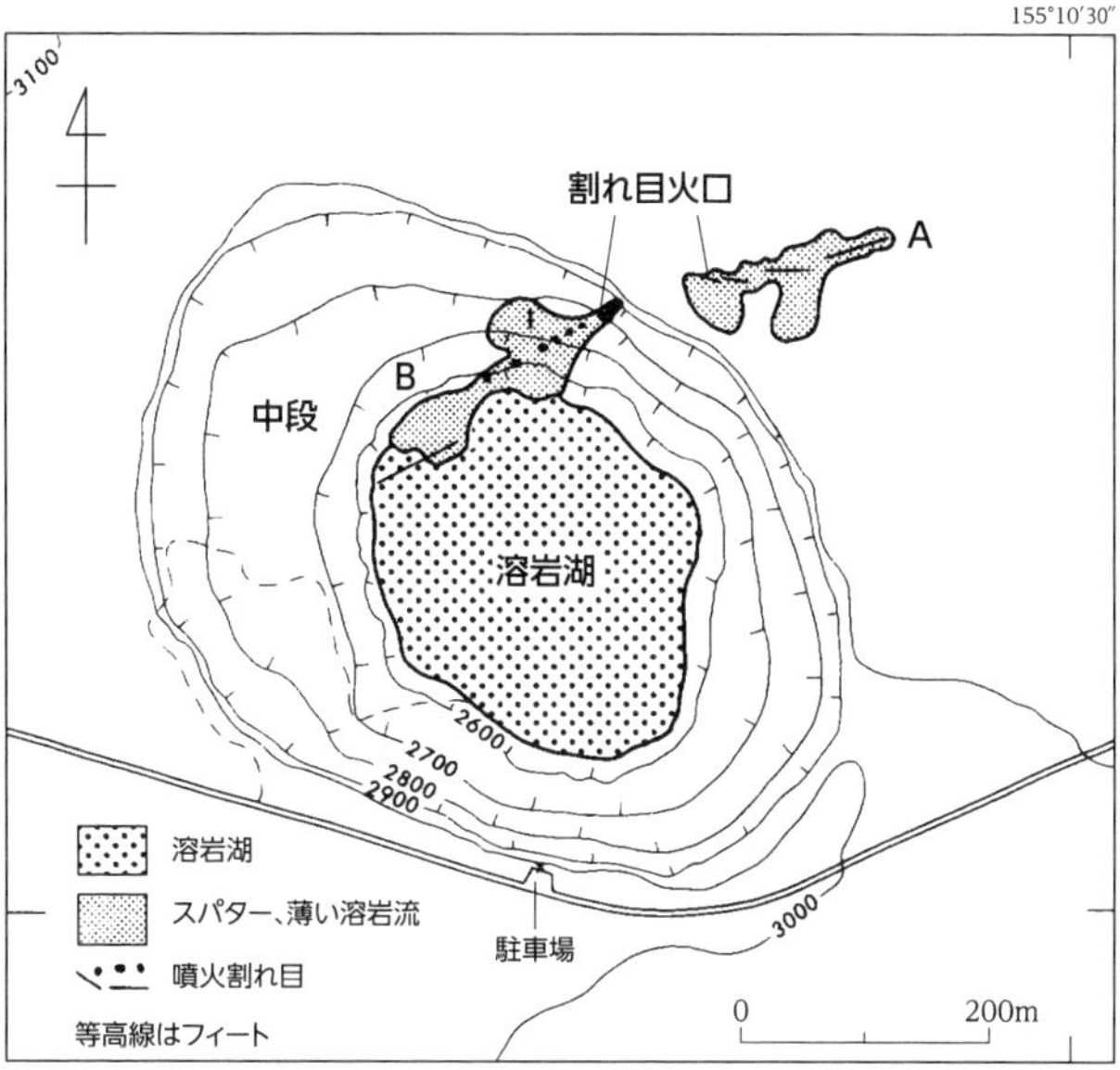

図 6-3　アラエ火口（Peck and Kinoshita, 1979）

B側はアラエ火口の壁面から火口底へ続く、同じ割れ目の続きの部分からの噴火であった。割れ目は全体にほぼ一直線で、長さは四〇〇mくらいあった。

アラエ火口のすぐ南側には道路が走っていて、火口の南縁には駐車場があり、火口全体を見渡すことができるようになっていた（図6－3）。観測するには都合のよい場所である。そこへいろいろな観測機材を置いて、噴火の推移を記録する段取りができた。光学温度計もあり、まずは溶岩噴泉の温度の測定をはじめた。私は記録係を引き受けて、観測者が読み上げる温度をフィールドノートに記録していった。

ところがしばらく経って、温度の値がおかしいことに気が付いた。摂氏一四〇〇度前後の読み取り値を叫んでいるのだが、これはおかしい。ハワイ火山に特徴的な、ソレアイト質玄武岩マグマの温度は一一五〇度前後であるはずで、一四〇〇度というのは、どうしても高すぎる。そこで観測者に注意して原因を調べた。理由はすぐわかり、はじめに温度計のゼロ点調整をするのを忘れていたのであった。現場の混乱状態では、本職の研究者ですら平常心を失って、とんだポカミスを犯すという、よい例であった。

正しい温度の読み値は一一四〇度くらいであったが、黄色がかった赤色に輝いた溶岩の噴水が、轟音とともに吹き上がる様子は実に迫力があり、息をのむように美しかった。ゴーッという基調音に混じってバキバキ、バンバンという音が混じる。おそらく樹木が折れたり、小さな水蒸気爆発が起きているのだろう。

火口縁の駐車場には、観測陣以外にも見物人が集まり、歓声を上げている。対岸に見える噴火割れ目は、アラエ火口の外側のジャングルの中から、垂直な火口壁を横切って、火口底まで続いている。垂直な火口壁を切る割れ目から噴き出す灼熱した溶岩が滝のように流れ落ちて火口底へ達していて、壮観である。火口底にはすでに溶岩湖ができはじめている（写真6-2）。

ムーア所長と、同じくアメリカ地質調査所のD・ペック（Dallas Peck）博士と私の三人が相談して、アラエ火口底の西側三分の一を占める舞台状の場所まで降りてみることにした。ふみ跡をたどって約六〇m降りて、舞台の上へたどり着いた。さらに新しい溶岩湖ができつつある縁まで行こうとしたが、暗いうえに足場が悪くてとても難儀した。二m近い身長のジム・ムーアが先頭を歩いていたが、突然いなくなった。覗くと溶岩の深いクレバスの中に落ちていた。二人で手を伸ばして助け上げると、今

写真 6-2　アラエ火口の溶岩噴泉と溶岩湖
上：夜間の噴火中の光景，下：翌日の昼間の光景．上下の写真はほぼ同じ角度から撮られた．

度は自分自身が別のクレバスに落ちた。切り傷だらけになって、ようやく段の東縁へ到達した。

すぐ目の前に、轟音を上げる溶岩噴泉がある。三人は腰を下ろし、黙ってただひたすら見つめていた。観察事項をノートに記載することも忘れて、ただただ見つめていた。しばらくして我に返り、互いに見あって、「このまま夜が明けるまで、見つめていそうだ…」という意見で一致した。本当に圧倒される光景であったが、今となってはその当時の、魔法にかかったような陶酔感が、あまりにも非現実的で、どうしてもぴったりと思い出せない気分ではある。

安全を確かめながら、さらにそろそろと降りて、新しくできつつある溶岩湖の縁まで行った。縁は湖面よりわずかに（数十センチメートルくらい）高くなっており、縁からは躍動する溶岩湖の表面を直接手で触れられる感じである。溶岩湖の反対側（北端）近くには高さ二〇mくらいの溶岩噴泉が活動している。溶岩湖の底を通る割れ目から噴出したマグマが、溶岩湖を突き抜けて噴き上がっているのである。その勢いで、溶岩湖の表面には波動が生じ、線状の噴泉から外方へ向かって、うねりが伝搬してゆく様子が見て取れる。われわれがとりついている溶岩湖の縁でも、うねりによって湖面がゆっくりと上下するのがよくわかる。

しばらく様子を見ていたが、「溶岩湖の表面はかなり固結して来ているので、その上を歩けるのではないか…」という意見が出てきた。互いに顔を見合わせていたが、一番身が軽そうなのは君だと二人に言われて、よしそれならばと覚悟を決めて、溶岩湖の表面へ一歩を踏み出した。確かに踏みごたえはしっかりしていて、数歩歩くことができた。歩かずにじっとしていると、靴底が焼けてきて、焦げ臭いにおいがしてくるが、せわしく足を踏み替えるようにして移動すれば問題ないことがわかった。一〇〇m上の駐車場の展望台から思いがけなく歓声が上がったので虚を突かれた。皆、上からわれわれの挙動を観察していたのであった。うねりで表面が上下している溶岩湖の上を歩いた男は、世の中にあまりいないのではないかと今でも思っている。

溶岩湖のボーリング

噴火の長い長い一夜が明けて、翌日もハワイ晴れの天気であった。このような状況では、当事者は極度の緊張(興奮)状態にあるので、疲労は感じない。二〜三日間、この状態が続くと、突然ばったり倒れる人がある。軍隊や消防防災の専門家の間では、このことは常識で、自己の体調を意識的にコントロールしてゆく必要、すなわち強制的に休みをとる必要があるという。ただ、大学の若い、噴火に未経験な火山研究者の間では、この現象が時々観察される。火山災害に関する避難・対策計画においては特に強調されるべき点である。なぜかというと、火山の噴火は長時間続く可能性があるからである。

多くの自然災害の場合、その原因となる現象は、そんなに長続きしない。大地震でも主要動は数分間しか続かない。台風、大雨、洪水などでもせいぜい二、三日から数日である。火山噴火はさまざまで、一〇分間で終わる噴火もあれば、数カ月以上から一〇年以上続く噴火もある。キラウエア火山では、一九八三年にはじまった噴火活動は二〇一八年に終わったので、三五年間噴火が続いていたことになる。さらに、噴火はたまにしか起こらない珍しい現象なので、噴火に精通した専門家が事の推移を現場で観察し、判断を下す必要がある。しかし、専門家の数は多くないので、その人々が長時間働き詰めになる危険性がある。火山防災のうえで重要な留意事項の一つである。

アラエ火口の噴火は、正味一四時間続いて、翌二二日朝八時一〇分に終了するという、短いものであった。おかげでわれわれも噴火終了後ぐっすり眠ることができた。四、五日後には、ほぼ固結した溶岩湖の表面を自由に歩き回れるようになった。早速ジム・ムーアが溶岩湖の表面からボーリングをしようと言い出した。キラウエア火山のイキ火口の一九五九年噴火で生じた深さ一一〇mの溶岩湖では、すでにボーリング調査が何回も行われている。ジムはそれを念頭に、できたてのアラエ溶岩湖でも試してみようと提案したのである。

アラエ溶岩湖はわずか一五mの深さしかないので、急いでボーリング調査をしないとすぐに全体が固結してしまう。時間とともに体積が減少してゆく残存マグマの化学組成がどのように変化してゆくかを調べ、古典的な結晶分化作用の学説とうまく合うのかどうかを確かめることが狙いである。幸い、携帯型のコアリングマシーンが観測所にあった。ガソリンエンジン駆動で直径一インチのコアが取れる、岩石磁気調査用のものである。問題は、アラエ火口の縁から、溶岩湖まで届く輸送用のケーブルである。工作室をかき回して見つけたのは、撚り線ではなく太い単線のワイヤーしかない。この針金を火口縁から火口底まで張り渡し、両端をしっかり固定して、それに頑丈なフックをひっかけて、重さ十数キログラムもあるコアリングマシーンを文字通り滑り下ろしたのであった。かなり無茶な作業であったが、当時は自分たちのやりたい仕事に夢中で、危険は意に介さなかった。

溶岩湖の表面にジムが仁王立ちになり、手持ちでコアリングマシーンを操作する。私はそばにうずくまって、ジュースの空き缶に入れた冷却用の水を時々、ボーリング孔にそそぎかける。孔の中は灼熱状態であるので、小さな水蒸気爆発が起きて、熱湯が私の顔に噴きかかる…という有様であった。わずか二〇㎝くらい掘り込んだところで、ズボッと貫通した。その下は溶融状態の溶岩湖である。中空のドリルの中には長さ数センチメートルのコアと急冷した玄武岩ガラスが詰まっていた。

アラエ溶岩湖は一〇カ月以内に完全に固結した。深さが一一〇mあるキラウエア・イキ溶岩湖は全体が固結するのには三年半かかった。どちらの場合も、熱伝導＋放射による理論的な冷却モデルよりも、ずっと短時間で固結したことになる。その理由は、溶岩湖が固結してゆく過程で収縮割れ目が発達し、そこに降雨などの天水がしみこんで気化し、その蒸発熱による冷却が大幅に進んだためである。実際、降雨の後は両溶岩湖とも、表面から盛大に白煙（水蒸気から生じた湯気）が上がるのが観察され、天水による冷却作用が強力に進行してゆく様子がよく見て取れた。

六年後の一九六九年には、アラエ火口から東へ二・五㎞離れた地点で、新しい噴火が起こり、すでにそこに存在していたマカオプヒ火口を溶岩が完全に埋めてしまい、さらに西方に流れて、アラエ火口も埋めてしまった。その三年後には、連続した噴火により比高一〇〇mの溶岩丘、マウナウルが形成され、アラエ火口はその麓にほぼ埋没され、一九六三年の噴火の記憶とともに、地下深くにしまい込まれてしまう運命となった。

キラウエア火山自体が、まだ若い楯状火山であり、今後も長年月成長を続けて、もしかするとマウナロアのような大型の火山になるかもしれない。その時は、アラエ火口の構造も、一九六三年の溶岩湖も、巨大な楯状火山体の内部に埋め込まれてしまい、私たち当事者たちの記憶の中にしか存在しないことになるだろう。

第7章　月面は玄武岩か、岩塩？か――アポロ一一号の月面着陸

スプートニクの衝撃

私がはじめて外国に行ったのが一九五七年の夏であった（第4章参照）。第二次世界大戦が終わってから、すなわち日本が無条件降伏してから、一二年経ち、アメリカ軍の占領時代を経て、日本もやっと平和条約を結び、一応独立国として格好がついた頃であった。

しかし、国内ではまだまだ食料不足で、われわれ一般市民は栄養がよい状態ではなかった（当時の新聞には、国民の四〇%が栄養失調だと書かれていた）。その状態でフルブライト留学生としてアメリカへ来たら、いきなり腹を壊した。理由はアメリカの栄養たっぷりの高カロリーの食事を、日本にいる時と同じ量、毎回食べたので、消化不良を起こしたためであった。食事の量を半分にしたら、身体の調子がすこぶるよくなった。身体にエネルギーが満ちてきて、徹夜を続けても平気だという感じ

だった。食事の質というものがこれだけ体力に反映されるものかということを実感した。

振り返ってみると、当時の日本は、第二次世界大戦の敗戦国としての後遺症から抜け切れず、一方、アメリカは、軍事力も経済力も他国を大きく引き離して世界最強であり、まさに黄金時代を迎えているという状況であった。光り輝く大型のアメリカ製の自動車はその象徴であった。

唯一のかげりは、ソビエト連邦との関係が悪化して、冷戦状態になっていることであった。ソ連はいち早く水爆の製造に成功し、急速に軍事力をつけ、世界におけるアメリカの王座を脅かすような感じであった。一九五七年一〇月、ソ連の人工衛星スプートニクの打ち上げ成功のニュースがアメリカ国民を不意打ちにした。世界で最初の人工衛星であった。私が同じペンシルバニア州立大学の学生たちと共同生活をしている宿舎でも、その話題で持ちきりになった。夜になると、皆が庭に出て、報道されている空の方角を一心に見上げて、スプートニクを探すのであった。いわゆるスプートニクショックであった。

ゴダード宇宙飛行センターの見学

スプートニク打ち上げに虚を突かれて、急激に反応したアメリカは、直ちに航空宇宙局NASAを発足させ、ソ連の後を追ってロケット開発競争にのめりこんだ。

数多いNASAの研究開発機関の一つを、大学の計らいで級友たちと一緒に見学に行ったことがあった。ゴダード宇宙飛行センターと呼ばれている、主としてエクスプローラー計画、ディスカバリー計画、ハッブル宇宙望遠鏡など、無人探査機関係のミッションに関与していた部局である。今から思うと、われわれがＮＡＳＡを見学できたのも、宇宙開発計画に大転回したアメリカ合衆国が、優秀な大学卒業生を大量に採用する必要に駆られての成り行きだったのかも知れない。すべてのことが軍事機密で、限られたところしか見せてもらえなかったにもかかわらず、見るもの聞くもの皆珍しかった。体育館くらいの大きさの空間が、高真空に保たれ、そこを宇宙空間に見立てて、いろいろな機材の性能試験をやるのだという説明があった。高真空を生成するための拡散ポンプを見て仰天した。われわれが大学の実験室で使うようなポンプに比べて、バカでかいのである。ドラム缶くらいの太さがある真空拡散ポンプが多数付けられている建物を見上げて、『ガリバー旅行記』の巨人国に来たような感じを受けた。当時のアメリカの本気度というか、投入されている資金量の大きさに圧倒された。

アポロ計画

米ソの宇宙開発競争はどんどん膨れ上がって、一九六一年には、ケネディ大統領が、アメリカは一九六〇年代中に人間を月に送り込むと宣言した。アポロ計画である。人間を月に送り込んで何をするかというと、当然月の表面を探検することになる。

科学的調査研究が表向きの目的だということになると、突然火山学者が注目されるようになった。なぜかというと、月の表面の岩石は大部分、火山作用の産物であろうと考えられるからである。もちろん月に行かなくても、地球上の高性能の望遠鏡で見れば、月の表面はあばた状の窪みが無数にあることはよく知られている。隕石の衝突孔である。しかし、もともとの月の表面物質は、大昔の火山噴火の産物、つまり溶岩流などであろうというのがもっとも有力な説となっていた。隕石の衝突は、本来の月の表面物質を粉砕して、クレーターを作ることには貢献したが、月自身の表面物質は火山作用の産物だろうという学説である。これが本当かどうか、実際に月へ行って確かめようというのだから、火山学者にとっては胸が躍る話である。

人間を月へ送る計画、アポロ計画は、サターン五型という、三〇〇〇トンもの重さがある巨大なロケットに連結した小型宇宙船に三人の飛行士が乗り込んで、実に複雑な動作を繰り返しながら、最終的には、三人のうち二人だけを月表面に着陸させるというものである。その時代にはそういうものかとあまり不思議にも思わず受け止めていたが、アポロ計画というものは、その時代に人類が持っていた能力の限りを総動員した、とんでもなく壮大で、膨大な予算を要する、しかも実に危険な、すなわち、成功する確率があまり高くない計画であったと、今振り返ると感じられる。

余談だが、実際に宇宙飛行士を月面に着陸させることに成功したのは、六回であった。失敗は大きなもので二回あった。一つは、地球上での準備的な作業で火事が起きて、実機に乗り込んでいた飛行士三名が全員焼死した。もう一つの失敗は、アポロ一三号が地球から月へ向かって飛行中に酸素タンクが爆発し、宇宙船は機能不全となったが、応急措置が成功して、実に奇跡的に三名とも地球に生還した事件である。六回成功で二回失敗という成果をどう評価したらよいのか、素人には不明なのだが、アポロ計画が終了してから五〇年も経った現在、振り返ってみると、計画全体がとんでもなく危険なミッションだったと強く感じる。

人類で最初に月面に降り立った、ニール・アームストロング飛行士は、彼の回顧録で「月面着陸の成功率は五〇%くらいだろうと見積もられていた」と述べている。成功しなかったら、それは地球へは帰れないことを意味し、そのことは一〇〇%の死を意味する。生きて帰る確率が五〇%の探検旅行に誘われても、一市民として、自ら喜んで応募する気にはならなかっただろう。実際、一七号まであったアポロ宇宙船の乗組員は、一人を除いた全員が、軍人か、あるいはそれに準ずる職業についている人々であり、純粋な科学者は、最後の月着陸船となったアポロ一七号に搭乗した、地質学者のハリソン・シュミット博士一人であったことも、その間の事情を物語っている。

玄武岩か花崗岩か？

月の表面がどうなっているかは、実際に人間が行ってみるまでは、雲をつかむような話だった。地球からの観測データに基づいて、憶測も交えた論文がたくさん発表された。私自身が以前に公表した、浅間火山の論文が引用されて、月面上でも、浅間山で二〇〇年前に起きた大噴火と同じような事件が起き、sinuous rill と呼ばれる、蛇行した峡谷が形成されたらしいという論文が出た（Cameron, 1964）。あまりにも突飛な私の論文の引用の仕方で、見当違いな結論には賛成しかねるものだったが、よくもここまで手間をかけて、日本人が書いた火山の論文まで検索したものだと、感心した。現在では強力な検索エンジンがあるので、そのような検索は容易かもしれないが、五〇年前は大変な手間と労力が必要だったはずである。

肝心の火山活動の論争だが、月の大部分の噴火は玄武岩マグマの活動であるとする学説と、そうではなく、花崗岩マグマの活動が主であるという説が対立した。花崗岩マグマ説では、SiO_2成分の多いマグマが大量に噴出するので、地球上で見られるように、巨大な火砕流が発生し、多くのカルデラが形成されただろうという。月面では地球上とは条件が違うので、大量の火砕流物質が溶結せずに窪地に溜まっていて、そこに宇宙船が着陸しようとすれば、何百メートルもの深さの火山灰の海の中に埋没してしまう危険があるという。

ＮＡＳＡは、玄武岩説と花崗岩説の両方を考慮に入れて、アポロ計画の飛行士たちの訓練プログラムを作った。玄武岩の溶岩地帯の典型として、ハワイとアイスランドに出かけて野外で実地訓練をしたという。教師には当時研究の最前線にいた火山学者が選ばれた。

前に述べたアメリカ地質調査所のスミス博士（第4章参照）は、花崗岩説の例として、ニューメキシコのバイアスカルデラ周辺の火砕流台地などでの実地教育を依頼された。彼から聞いた話だが、はじめて月面を踏んだニール・アームストロング飛行士は、火山学の実習でも成績優秀だったと褒めていた。アポロ計画の飛行士のほとんどが、テストパイロットのような高度の技術者たちから選ばれていたのだが、月面での活動のシミュレーション一つとっても、ＮＡＳＡがいかに周到なプログラムを用意していたかが、わかる気がする。

アポロ一一号の月面着陸

一九六九年にいよいよ最初の月面着陸が行われることになった。人類はじめての快挙である。月面着陸の瞬間がテレビで生中継されるとあって、日本でもNHK、民放すべてのテレビ局が色めき立った。スタジオに座って、もっともらしいコメントを述べる「専門家」を選ぶに際し、すべてのテレビ局が久野久教授に声をかけて来た。もちろんわが国の火山学者の第一人者としてである。久野教授は一人しかいないから、NHKが獲得し、民放各社は先生のお弟子さんたちに声をかけた。私もその一人として、某民放テレビ局に出演することになった。

まず準備として、同時通訳の人たちに火山学のイロハをレクチャーすることになった。同時通訳というのは、きわめて専門性が高い職業で、脳みその半分で外国語を聞き、同時に他の半分で日本語に翻訳して、マイクに向かってしゃべるという芸当を続けるのである。とても疲れる作業なので、通常二人の同時通訳者が二〇分ごとに交替して作業を続けるという、過酷な商売である。そのような語学の達人にとっても、火山学の専門用語は、ましてや英語と日本語両方覚えなければいけないから、覚え込むのが大変な難行であった。

いよいよ本番が来て、テレビのスタジオには、アメリカ、ヒューストンの管制センターからの映像と音声が入ってくる。私は特に希望して、アメリカから直送されるチャンネルの音声が聞けるイヤホンをつけて聞いていた。宇宙飛行士からの生の音声で、管制センターとのやり取りの緊張した雰囲気がよくわかった。タッチダウンの瞬間が来て、月の表面の粉が着陸用のロケットの噴流によって吹き飛ばされてゆく様子がはっきり見えて印象的だった。

しかし、数百メートルの深さの非固結の火砕流粒子の存在はすぐに否定された。玄武岩マグマ説に軍配が上がったと言える。月面は、細粒の粒子で薄く覆われていたが、その下には案外固い地表面があった。月着陸船の不格好な四本の脚は、しっかりと月面を踏まえた。着陸成功であった。アームストロング船長とオルドリン飛行士はほっとしただろう。

しかし、アポロ計画全体から見ると、これからやることはまだ山のようにある。月面着陸ミッション全体にかけられた費用と作業量は莫大なもので、月面上で飛行士がとる行動の一分一秒に何万ドル相当の予算がかかっている勘定になるという解説があった。したがって作業はできるだけ能率よく、短時間に終わるようにしなければならない。地球上ならば、われわれ火山学者は、現場に到着してからゆっくりと岩石の露頭観察や標本採集を行い、フィールドノートを開いて記録を書き込んでゆく。月面上ではそのような暇はないので、飛行士が観察したことはすぐに言葉に出してヒューストンに伝える。ノートに書き込むような時間はないのだ。

月面着陸後すぐに、アームストロング船長がしたことは、宇宙船の窓から外を見て、月面を見渡し、その状況を音声で報告することだった。私はその口述をイヤホンを通じて聞きながら、確かに人類の記念すべき瞬間だと感じた。まったく未知の世界をはじめて見る瞬間であった。

いきなり驚かされたのは、彼が（もちろん英語で）「岩石は玄武岩のように見える」と言ったことだ。玄武岩対花崗岩の論争を意識してのコメントである。前に述べたように、ここまで行くのに大変な量の教育学習の準備が地球上でなされたわけであった。生粋のテストパイロット出身で、もちろん火山学の専門家ではないアームストロング船長が、月面に着陸した直後に、「月面は玄武岩らしい」と述べた情景を目の当たりにして、アメリカという国の実力というか、ふところの深さを強く感じたのであった。

余談であるが、アームストロング船長たちは、月に着陸後すぐに飛行船のハッチを開けて月面に降り立ったのではない。着陸船から降りずに、なんと船内で睡眠をとることになっていたのである。着陸するまでの、極度に緊張を強いられる作業の連続で疲労が蓄積するため、次に予定されている月面活動の前に、体力を回復する必要があった。しかし、実際には、アームストロング船長からのリクエストにより、五時間と予定されていた休養時間を実質上除外して、予定より早めに船外活動がはじまったのである。

実はこれが、日本で待機しているテレビ局のクルーにまで影響を及ぼした。私ども、「専門家」数名は、「あと四時間くらいはお休みとなりますので、こちらで用意しましたホテルに行かれてお休みください」と言われて、ホテルへ送り込まれたのである。しかし、しばらくしたら、呼び出しの電話で「すぐスタジオへ戻ってください」とのこと。

船外活動でまずやることは

着陸船のハッチを開いて梯子を下り、第一歩を月面上に記す時に、アームストロング船長が「一人の人間にとっては小さな一歩だが、人類にとっては大きな飛躍である」と述べたことは有名である。実際に月面上に降り立ってから、彼が最初にとった行動は、月面を覆っている細粒の堆積物を掬って、小さな袋に詰め、宇宙服のズボンのポケットに収めることであった。もし緊急事態が発生し、すぐに月面を離れる必要ができた場合、最優先にされるべきことは、月のサンプルを取って帰ることである。粉状のサンプルは、月面上の多くの岩石片の集合であるから、それだけ多くの情報を含んでいるということである。これは"contingency sample"（非常事態の標本）と呼ばれた。

アポロ計画には、莫大な予算がつぎ込まれているわけだから、一秒ごとが貴重で、飛行士にはもちろん、ヒューストンにも大きなプレッシャーがかかっていた。二人の飛行士はテレビカメラを設営したり、アメリカ国旗をたてるなど、いろいろな作業を、順を追ってこなしていったが、かなりこみいった作業の一つが、地震計の設置であった。地震でなく、月震とも呼ばれるが、月内部で発生する震動を調べれば、たとえば、月の内部でマグマの活動があるのかどうかなど、有用な情報が得られる。二人の飛行士が力を合わせているのだが、なかなかうまくいかなくて、手間取っている。地震計を水平に設置することが大切なことらしいが、水平がうまく出ないのだ。水平を決める装置が三種類も用意されているが、なかなかうまくゆかないらしいという解説が入る。ヒューストン側の通信員は、非番の宇宙飛行士が担当しているのだが、ストレスを与えないよう、リラックスした口調で話す様子が、かえって隠された緊張感を感じさせる。とうとう見かねて（?）、「目見当でやったらどうか…」というようなアドバイスを出した。「目見当」を英語では"eyeball"という言葉を使うのだと知り、面白く思った。結局 eyeballing により、地震計の設置も無事終わった。緊迫した時間であった。

月面に塩？

翌朝の新聞の第一面は、もちろん月着陸のニュースでいっぱいであった。目を引いたのは、ある新聞に「月面に岩塩層」という見出しが載っていることだった。一瞬どういうことかわからなかったが、くわしく読んでみて、思わず笑ってしまった。

玄武岩という語は、英語で basalt と書く。これをアメリカ英語風に発音すると「バソールト」となる。アクセントは「ソー」にある。イギリス英語では「バサルト」となって、最初の「バ」にアクセントが来る。玄武岩＝basalt という学術用語を暗記する暇がなかった同時通訳者が、これを聞いて「ソールト＝塩」と理解し、通訳したわけである。誰がこれを責められようか。アームストロング船長はアメリカ人であって、アポロ計画はイギリスのものではなかったのである。したがって、日本の翌日の朝刊の見出しが「月面に岩塩か？」となっても納得がゆく。私は他の人に聞こえないようにして、一人で心ゆくまで大いに笑ったのである。

第8章　溶岩と氷河の国アイスランド――極地での野外調査

火山島アイスランド

アイスランドは一〇〇%火山でできている島である。実に面白い火山噴火が見られる。すべての火山学者が一度は訪れてみたいと願う場所である（図8－1）。

アイスランドは小さいながら立派な一つの独立国である。総人口はわずかに三五万、日本の人口の約三四五分の一である。国土の広さは日本の三・六分の一もあるから、人口密度では、アイスランドは日本の一〇〇分の一しかない。小さい国だが、さらに人の数が圧倒的に少なく、ガランとした国、あるいは自然がすべてを制圧している国とも言える。

首都のレイキャビクは人口二一万しかないが、それでもアイスランドの国全体の三分の二の人口がそこに集中している町である。目抜き通りにはヨーロッパ一流の商店が並び、豪勢なウィンドウショ

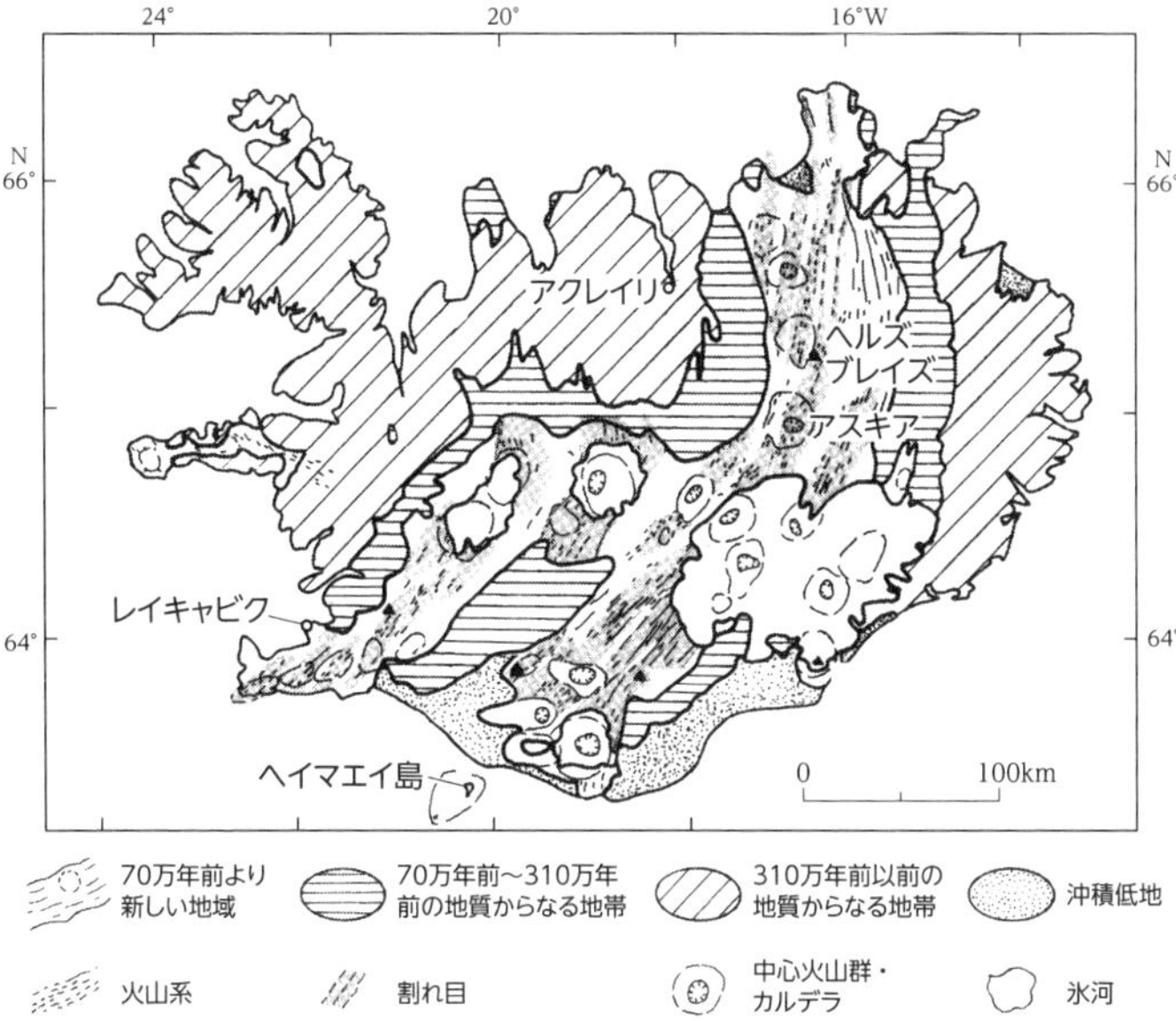

図 8-1　アイスランドの地質図（Saemundsson, 1979 の図を簡略化）

ッピングが楽しめるが、にぎやかな通りが終わりになると、突然玄武岩の溶岩だけの、木が一本も生えていない原野となる。原野はそのまま島の反対側の海岸まで続く。日本の本州の半分ほどのアイスランドの国土全体は、人家も農地もほとんどない、岩だらけの荒野である。もともとは島の四割くらいが森林で覆われていたのだが、ノルウェー人とケルト人が移住してきた九世紀から一九世紀にかけて、すべての森林が伐採しつくされ、島が丸裸になってしまったという。

この荒野のすべてが、溶岩と氷河によって覆われているのが、現在のアイスランドである。北極圏に近い高緯度なので、冬は午後三時頃から暗くなり、長い夜が続く。陽光に満ち、緑滴る、麗しの国に住むわれわれ日本人にとっては、永く住むと神経が参ってしまいそうな世界だとも言える。火山学者にとってはパラダイスなのだが…。

アイスランドは一六〇〇万年前に火山島として誕生した。ホットスポットという、マントル深くから湧き上がってくる、温度の高い、プルームと呼ばれる部分が、地表に大量のマグマを噴き上げて火山島を形成した。ところがこのプルームの位置が、たまたまプレートの発散境界線上に位置していたため、地球上でもまれに見るマグマ活動の盛んな場となったのである。

プレートの発散境界は、毎年数センチメートルもの速度で広がってゆくので、アイスランドの島自体も同じ速度で東西に割れて、広がってゆく。その割れ目は、基本的に、マントルから噴出してくるマグマによって埋められるので、アイスランドは毎年その割合で、玄武岩溶岩が追加されて東西に広がってゆく。地球上でもここでしか見られない現象である。アイスランドの島内では、広がってゆく割れ目自体が地形的にはっきりわかる場所がある。アイスランド語で「ギャオ」と呼ばれる溝状の地形で、いかにもこの島が東西に拡大してゆく様子が実際に見て取れる。

西へ広がってゆくプレートは北アメリカプレートであり、東へ広がってゆくのがユーラシアプレートである。この巨大割れ目は大西洋の中央を南北に分断していて、これを境にして、大西洋は東西に幅を広げているのである。さらに言えば、ユーラシアプレートは日本列島まで続いているから、日本に住んでいるわれわれも、アイスランドが東西に割れて広がろうとしている力を受けているとも言える。日本列島は一方で、東側から太平洋プレートの押す力を受けているから、挟み撃ちにあった格好で東西方向に圧縮されている状態である。アイスランドが東西方向に割れて広がってゆく状態と逆である。日本列島はユーラシアプレートと太平洋プレートの衝突境界にあると表現される。このような衝突境界に沿っても、マントル内部からマグマが上昇して来て火山を作る。同じプレート境界にあっても、発散境界と衝突（沈み込み）境界では、マグマのでき方や上昇の仕方も違ってくる。したがって噴火のやり方も異なる。というわけで日本の火山を調べているわれわれ研究者は、まったく違った環境で噴火しているアイスランドの火山をぜひとも訪れて見聞したいと強く思うようになるのである。

アイスランドに強くひかれた火山学者の一人が、中村一明氏であった。私とほとんど同年配で、同じ大学、同じ学科を卒業し、同じ研究所に勤務して火山が研究テーマだったので、ものの見方、考え方がかなり似通ってきても不思議ではないのだが、実際は二人の性格はまったく違い、正反対、裏と表の違いばかりが目立つ組み合わせだった。これだけ違うと、あまり喧嘩にもならず、たいていの時は、かえって大変仲が良かった。

この中村氏が文部省の在外研究員としてヨーロッパに滞在して、アイスランドを訪れていたのが、一九六九年の夏であった。この年は私にとってかなり忙しい年であって、まず七月二〇日には人類最初の月面着陸がアポロ一一号によってなされた。この時の話は前の章で述べたが、その直後に、恩師の久野久教授ががんで急逝された。八月六日であった。国際火山学会の大会が九月にイギリスであることが決まっていたし、久野先生の奥様からも、ぜひ学会には参加しなさいとのお言葉もいただいたので、久野先生の葬式直後、思い切って予定通り出発した。

最初に訪れたのがアイスランドであり、そこで中村氏と先輩の杉村新氏と落ち合った。早速アイスランド大学にソラリンソン（S. Thorarinsson）博士を訪ね、アイスランドの火山の見どころなどを教わって現地へ出発した。

目的地の一つが、アスキアカルデラである。直径三〜四㎞くらいのカルデラで、アイスランドの島の中心部にある。まず島の北側のアクレイリという町へ飛行機で移動し、そこでレンタカーを借りる。アスキアまでは片道一五〇㎞ほどあり、その途中に人家はほとんどない。もちろん集落もないという、とんでもない荒野である。途中野宿か避難小屋で一泊して、二日間で帰ってくるという強行軍を企画して、予備のガソリンタンクを屋根にいっぱい積んで出発した。幸い天気はよく、予定通り午後には目的地のアスキアカルデラの入り口まで到達した。途中は砂礫の氾濫原か、パホイホイと呼ばれる玄武岩溶岩流が波打つように広がる原野である。

ところが、そこで車が突然エンストした。借りた車はランドローバーという、頑丈この上もない四輪駆動車である。スターターが利かなくなったが、手回しでエンジンがかけられるクランクがついている。三人で交代しながらクランクを回す。二時間くらい汗をかいて、三人ともへたばってしまった。日は傾き、寒さがジワリと襲ってくる。これは野宿かと覚悟を決めかけた頃、突然エンジンがかかった。原因は不明であるが、とにかくエンジンがかかった。恐怖に圧倒されてそのままUターンし、来る途中で見かけた避難小屋を目指して退却する。暗くなってようやく無人の小屋をこじ開けて、緊急避難とする。もちろん誰もいないが、非常用のマットレスや食器などがそろっている。まんじりともせず一夜を明かし、日が上がるとともに一目散にアクレイイリを目指して出発することにした。

卓状火山

この避難小屋からはヘルズブレイズ(Herðubreið)という有名な火山がすぐそばに仰ぎ見られる(写真8-1)。非常に特殊な成因で生じた、世界的に有名な火山である。実際には水底噴火あるいは氷底噴火によって生じたもので、一〇〇〇m以上ある厚い氷河の下で噴火が起きた。噴火地点の近くでは当然、氷河が溶岩の熱により融解して、液体の水になる。その中へ噴火するのだから、水底噴火と呼べるものである。玄武岩質マグマの噴出だから、教科書的な枕状溶岩が生じる。噴火が続けば、水底で火山体は成長し、その周囲の氷河はどんどん融けて水たまりも成長する。ついには火山の高さが氷河の厚さを超えるところまで成長すると、火山は水面から顔を出し、噴火は乾陸上の噴火となって、ハワイ式の溶岩噴泉が発生する。そしてパホイホイやアア溶岩が積み重なる、ハワイ型の楯状火山が成長をはじめるわけである。

水底火山の部分は枕状溶岩の積み重なりだから、山体の傾斜はハワイ型楯状火山よりもっと急傾斜である。さらに、水中で成長を続ける火山が水面に近づくと、水蒸気爆発が盛んに起きる。爆発によって大量の火山砕屑物が生産され、それが山体斜面に追加される。したがって山体はさらに急傾斜になる。このようにして、アイスランドの氷底火山(水底火山)の形状、内部構造は複雑なものになる。噴火地点が水面下か、あるいは水面上かで、生じる火山帯の形態、構造が劇的に異なってくる。

写真 8-1　ヘルズブレイズ火山（2008 年寅丸敦志氏撮影）

　氷河期には、アイスランドに厚い氷床（氷冠）が発達していた。島ではあるが、大陸氷河と同じものである。その後氷冠は縮小、後退し、完全になくなると、後に特殊な地形、内部構造を持った火山体が残される。それがヘルズブレイズである。山体の側面は急傾斜だが、ある高度から上は突然緩傾斜になるという、特徴ある地形を示す。傾斜が急変する高度がすなわち、火山体が生成した当時の氷床の厚さに相当するわけである。ヘルズブレイズのような火山がアイスランドの中央部には点々と存在する。急傾斜の側面の上に緩傾斜の冠をいただくという特長的な地形のため、卓状火山（テーブルマウンテン）と呼ばれている。それらの火山体の傾斜の急変する高度を連ねると、火山ができた時期の氷床の厚さが復元できる。

　ヘルズブレイズのような、氷底火山の構造は、ハワイ型の海洋火山の成長史の解明にも役立つ。大洋底から成長を開始した火山はおそらく、ヘルズブレイズ火山と同様、枕状溶岩からできていただろう。成長に伴って海洋上に頭を出すと、激しい水蒸気噴火を経て、ハワイ型の噴火を繰り返すようになり、緩傾斜のハワイ型楯状火山を形成する。現在のハワイ諸島の海底地形の調査により、基本的に、ヘルズブレイズのような、アイスランド型水底火山と同様な斜面であることがわかっている。したがって、大局的には、ハワイ型の巨大な海洋火山も、アイスランドのヘルズブレイズ型火山の成長史、内部構造を持つであろうという予見のもとに、現在でも研究が進められている。

帰途

翌日も好天気で、ヘルズブレイズ火山は朝日に輝いて、素晴らしい光景であった。本来ならその景色を満喫し、可能ならたっぷり時間をかけて卓状火山の調査をするべき場所であったが、現実は、肝心の目的地であるアスキアカルデラにはあと一歩というところで、敗退してきたという状況であった。アイスランドの荒野の真ん中で、われわれ三人だけが孤立して、立ち往生しているという有様である。

その前日、国道一号線から分岐した砂利道を八〇km走ってアスキアカルデラの入り口までの行程で行き合った自動車は、わずか一台であった。しかもその車のドライバーは、ガソリンが不足しているので、すまないが少し分けてくれないだろうか?という要求をしてきた。これは、砂漠原野を単独行するドライバーにとっては悪夢のような事態である。気前よく要求に応じたら、自分たちの車がガス欠にならないとも限らない…。結局、都会の安全な生活から抜けきっていないわれわれは、要求に折れて燃料を分け与えてやったのである。

アイスランドの中心部で、人里離れた場所を一台の車で走行するのは、それだけでかなりの危険を冒すことを意味することを、身をもって知った。できれば二台以上で走行することが重要である。橋も何もない川を渡る時は、なるべく二台以上で渡る。一台が流れの中で立ち往生した場合に備えてである。

この話から何年もあとであるが、同じアイスランドの原野で、日本の若い火山研究者三名を渡渉事故で失った。彼らも一台のジープ型の四輪駆動車をレンタルして、アイスランド最大の氷河から流れ出す雪解け水でいっぱいの流れを渡りきれず転覆し、流されたのだった。三人とも助からなかった。前途有為の三名の火山学者の喪失は、日本の火山学界にとって大きな損失であった。

ヘルズブレイズの避難小屋の朝は晴れているが、心は重い。三人の中では、自称、もっとも運転経験がある私自身がハンドルを握って、早々に出発した。アイスランドを一周する国道一号線まで、あと三〇㎞くらいのところまで行ったら、またエンストした。しかし、今度は心の余裕があり、天気もよく太陽の光が暖かいので、パニックにはならず、ゆっくりと腰を落ち着けて、ボンネットを開けて調べはじめた。

すると驚いたことに、故障の原因がすぐにわかった。エンジンルーム全体が埃だらけで、メンテナンスがなされていないことが一目瞭然であった。ディストリビューターを開けると、中は塵いっぱいで、コンタクトポイントの調整がまったく狂っていて、ギャップがほとんどゼロであった。アメリカ留学時代に、ポンコツ車を購入して、大学院生の同僚とともに車いじりに没頭した経験が役に立った。ドライバー一本で調整はすぐに完了し、エンジンは一発でかかった。万歳を叫びたいような気持ちで帰路についた。誰もこれから戻ってアスキアカルデラまで行こうとは言わなかった。

やっとアクレイリに帰着し、レンタカー屋までたどり着いたが、同行の中村氏の怒りは収まらず、責任者と談判して整備不良車を貸し出したことに抗議し、いくばくかの料金を取り返したのである。中村氏は、普段はのんびりしているが、こういう時は私よりはるかに粘り強いのである。

アイスランドで学んだことはたくさんあったが、野外での火山調査に対する心がけが重要であることはその一つである。私が訪れたことのある限られた北方の火山地域、アラスカ、カムチャツカ、そしてアイスランドでは、火山を訪れること自体が大変な作業であり、危険であることが多い。露頭の現場に行き着いて、観察をして標本を採取するという本来の仕事の前に、自分自身のサバイバルが問題となる。雪氷の環境では特に厳しい。そのような地域で仕事をする火山学者が日本に来れば、箱庭のような快適環境で働く日本の火山研究者をうらやましいと思うのであろうか？

第9章　フランス人の大論争に巻き込まれる
——スフリエール火山一九七六年噴火

パリでの会議

一九七六年一一月、東大理学部時代の久野教授門下で兄弟弟子だった、清水孚道《のぶみち》博士から国際電話が入った。彼が勤めているパリ大学に所属する火山観測所で、ごたごたが起きて会議が開かれる。その会議に日本の火山研究者として参加してくれ、というのであった。

話を聞くとなんだか妙ないきさつで、フランス国内の研究者の間ではげしい議論が起こり、テレビ論争にまで発展して、政府が困り、外国の学者だけからなる委員会を作るというのである。あまり聞いたことがない、フランス領小アンティル諸島の火山の噴火で、数万人の島民がすでに避難しているという。避難の可否をめぐって、フランス国内の研究者間で論争が起きているのだが、テレビを通じて全国的な騒ぎに発展しそうなので、政府が収拾に乗り出したという。

旅費も滞在費もあちら持ちと言われては、二つ返事で引き受ける気になり、エールフランスのジャンボジェットに乗り込んだ。成田空港のカウンターで私が出した招聘状をしばらく見ていて、ビジネスクラスだが、空席があるのでファーストクラスでお取りしましょうとのこと。パリに着くまで、下戸の私は高級な酒類満載のカートを横目でにらみながら残念に思っていたが、フルコースのフランス料理は満喫した。本物の陶器製の皿が繰り返し出てくる、本格的なフランス料理であった。ファーストクラスに乗ったのは一生のうち、この時だけである。

午前五時頃、シャルルドゴール国際空港に到着して、ガランとしたホールでまごまごしていると、「ムシューアガマキ!…」とスピーカーが叫んでいるのに気が付いた。フランス語の発音では、アラはアガのように聞こえる。受付へ行って、制服制帽の運転手に引き合わされ、黒塗りのリムジーン(DS19)に乗せられ、パリ市内へ向かった。いくら早朝の六時頃で、通行はまばらとはいえ、シャンゼリゼ通りを時速八〇km以上で突っ走るのには肝を冷やした。案外みすぼらしい、小さなホテルをあてがわれて、そこで一休みした。後で聞くと由緒ある高級のホテルとのこと。

そこで早速、委員会がはじまった。委員長はアメリカ、マサチューセッツ工科大学のフランク・プレス(Frank Press)教授。地震学の世界的権威であるが、のちにカーター大統領の科学顧問になったということから見て、政治家に顔が利く人だったのだろう(第11章参照)。委員の顔ぶれは、R・フィスク(R. Fiske カーネギー研究所、アメリカ)、G・E・シグバルダソン(G. E. Sigvaldason 北欧火山研究所、アイスランド)、F・バーベリ(F. Barberi ピサ大学、イタリア)、P・ガスパリーニ

(P. Gasparini ナポリ大学、イタリア)、荒牧(東大、日本)などで、非常に若くもないが、あまり歳も取っていない、中堅クラス、新進の火山研究者が呼ばれている。これらの人々とは、この会議を契機に、たいへん親しくなり、その後ずっと親交を結んでいる。

噴火した火山は、「グアドループ島のスフリエール」と呼ぶべき火山で、その理由は、長さ一〇〇〇kmの弧状列島である小アンティル諸島(図1-3参照)には、なんと三つも「スフリエール火山」が存在するからである。ほかの二つは、セントビンセント島とモンセラート島(ともに旧英領)にそれぞれある、まったく別の火山である。Soufrière スフリエールとは硫黄の意味で、もちろん噴出する火山ガスが発する強烈な硫黄のにおいからきた名前である。実はその三つの火山ともに、火山学史に名が残るような噴火をしているのである。

グアドループのスフリエール火山(一四六七m)は今回の噴火騒ぎで有名になったが、第1章でも触れたように、セントビンセント島のスフリエール火山(一二三四m)は一九〇二年に火砕流の噴火で一六〇〇人あまりの人が死んだ。その噴火の翌日に、近くの島にあるプレー火山が、同じく火砕流の噴火をして、なんと三万人近い人が死んだので、世界的な大ニュースとなった。そのため、前日に起きたスフリエール火山の火砕流とその被害の事件はすっかり、かすんでしまった。プレー火山の噴火がなければ、セントビンセント島のスフリエール火山の火砕流災害は、単独でも際立った話題になっていたはずである。

第三のスフリエール、モンセラート島のスフリエールヒルズ火山(九一五m)は一九九五年から一〇年以上噴火を繰り返し、火砕流で人口四〇〇〇人の都市が壊滅し、今でもそこは人が住めない状態になっている。

小アンティル諸島は、北緯一〇度から二〇度にかけて分布し、熱帯性の気候を有する。カリブプレートと南アメリカプレートとが接する沈み込み帯の影響により形成された弧状列島であり、火山島が多い。

火山活動の報告会議

会議の本体は一一月中旬に四日間続いたが、最初は、スフリエール火山の地質・岩石・構造や過去の噴火活動の報告、次に今回の噴火に際して行われた火山観測の成果などが、関与した研究グループのそれぞれから報告された。印象を言えば、フランスの研究者たちは、実際の火山活動を体験したことがほとんどないので、われわれにとっては当たり前の事象にひどく感銘を受けて、こまごまとした報告をするなど、かなり見当違いの傾向があった。

それよりも、火山学では聞いたこともないような方法を使ったアプローチによる調査研究の話を聞いて感銘を受けた。ルーチンの方法ではなく、電磁気学、気象学、測地学、土木工学、統計学、天文学などの方法論で火山を見るとどのように見えるかというような、ある意味、実に珍妙な報告会であったとも言える。意地悪く言えば、火山の専門以外の研究者たちが駆り出されて、無理矢理に調査させられたというようなシチュエーションとも言える。したがって感情的には、わざわざ外国から火山学者を呼んできて、不慣れな調査研究の成果を聞いてもらうというのは、フランスの研究者にとってはプライドが傷つけられる状況だったと言えるだろう。

正統の火山学的成果には必ずしもつながらなかったような努力の成果発表を聞いていると、何となく、NASAの月面探査計画を思い出した。月面計画の話題の一つは、月ではどのような火山活動があったのかという命題である。計画に投入された若い科学者の多くは、火山学の素養を持たず、別の専門分野から火山問題に取り組まざるを得なかった。結果としては、火山学の新しい分野の方法論が発展したと思う。別の表現を使えば、不意の火山現象の発現に、フランスの科学界がどのように反応したかが、よく見えたということかもしれない。この事件の後は、フランス政府はかなりの予算を投入して火山観測に力を入れるようになった。ほとんどが、海外のフランス領にある活火山だが、観測所も新設され、りっぱな研究成果、防災実績を上げている。

噴火の推移

グアドループ島は図9-1に見るように羽を広げた蝶のような輪郭をしていて、実質東西二つの島からなっている。西半分は、バステール島と呼ばれ、第四紀の火山噴出物からなっている。東半分はグランデテール島と呼ばれ、基盤は第三紀石灰岩からなる低い地形である。西半分の南端部にスフリエール火山がある。主体は成層火山らしいが、アンティル諸島では最高の一四六七mの海抜高度がある。

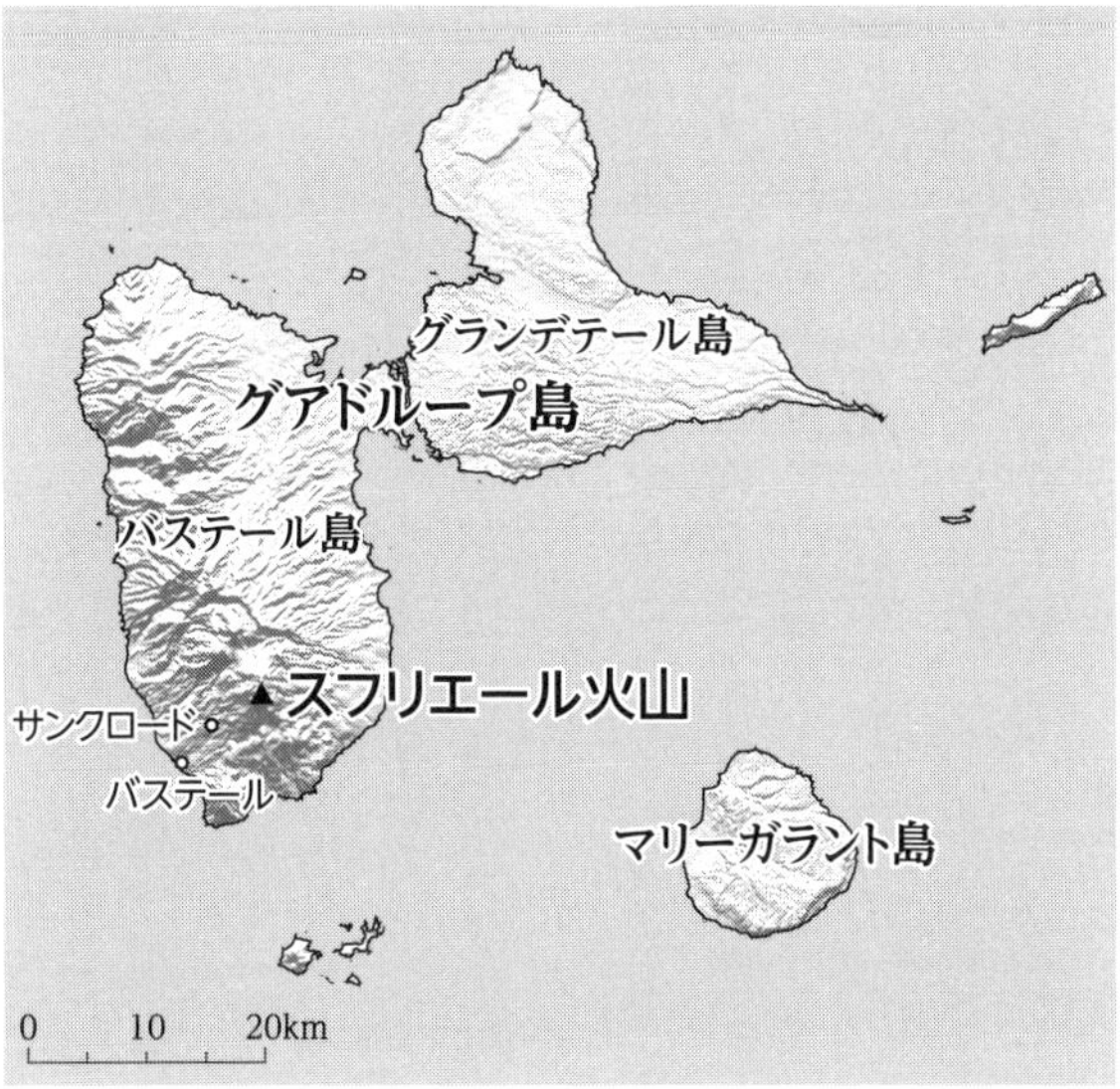

図 9-1　グアドループ島にあるスフリエール火山

一九七六年に噴火した火山の実体は山頂部にある小さな溶岩ドームとされている。今回の活動は、約一年前の一九七五年八月からはじまり、数多くの火山性地震が観測されたが、その勢いは時とともに増大していった。クライマックスは翌一九七六年七月八日の水蒸気爆発であり、これが翌一九七七年三月一日まで続いた活動の全体を通じて最大の爆発であった。結局、マグマ噴火はなかったという結論であり、過去一五世紀以来知られているこの火山のすべての活動がそうであったように、一九七六年の活動も水蒸気噴火であり、新鮮なマグマの関与は認められなかったという結論になった。

一九七六年七月八日の噴火により、約一〇〇万トンの固形噴出物が放出された。ごく一部は最大径一m以上もある岩塊で、溶岩ドームを作っている古い岩石が破壊されたものであり、新鮮なマグマが固結したものではなかった。このような大きな投出物は、火口のすぐそばにのみ落下し、住民への危険はなかった。残りの大部分は、径二㎜以下の火山灰であり、地域の卓越風である東風により、山頂から西方の斜面に降下堆積した。また泥流が発生し、南側の急斜面を四〇〇m流下し、自動車道路を埋没した。

一〇〇万トンの規模といえば、二〇一四年九月二七日、木曽御嶽山の水蒸気噴火の場合と同じで、決して大規模な噴火ではない。御嶽の場合は、火口から一㎞以内の範囲に多くの登山者がいたため、死者行方不明者六三名という大惨事になったのだが、スフリエール一九七六年噴火の場合は、火口の近傍には誰もいなかったため、人的被害はなかった。その代わり、火口から風下一〜一〇㎞の範囲に人家が多くあって、住民は恐怖に陥り、多くの人々が自発的に避難をはじめた。噴火の強度は少しずつ減少していったが、しばらく同様の水蒸気噴火が続いたため、当局はバステール島ほぼ全域の避難を命じ、住民はグアドループ島の安全な東側へ、あるいは島外へ避難する始末になった。七万三六〇〇人が四八時間以内に緊急避難したと言われる大事件になった。そのために、フランス本土から、わざわざ一〇〇〇名以上の警察官をジャンボジェットで空輸するなどの大作戦となったという。

後から振り返れば、これほど大規模な避難措置をとる必要はなかったと言えるのだが、実は、マスコミを巻き込んだ、というよりは、マスコミが主役となった「デマ騒ぎ」が起きたことが事件を加速し、拡大したのだった。ラジオや新聞で多くの自称専門家が無責任な意見を述べる中、際立っていたのが、さるフランスの大学教授で火山の専門家と自称する人物の発表であった。彼のコメントによると、「スフリエール火山が今日噴出した火山灰を顕微鏡で調べたところ、昨日の火山灰よりも○○パーセント、新鮮な火山ガラスの量が増えていた。新しいマグマがさらに大量に地表近くまで上昇してきた証拠であり、今後一層大規模な噴火が起きるだろう。その規模は三〇メガトンの原子爆弾（ヒロシマの一〇〇〇個分）に相当するだろう。一九〇二年に起きた、あのモンプレー噴火の時のような大火砕流が生じ、多くの人が死ぬだろう…」

あのモンプレーとは、この島のすぐそばのマルチニーク島のプレー火山のことであり、島の人々はもちろん、三万人近くの死者を出した、一九〇二年の火砕流の大災害をよく知っていた（第1章参照）。グアドループ島はフランス国の直轄領土（海外県）であり、フランス国の役人が島を統括しているのだが、火山の専門家ではない彼らには、事態の重大さを正しく判定することはもちろんできなかった。専門家と称する大学教授などの意見を聞くより他に方法はなかった。実は、グアドループ島全体の行政の中心がスフリエール火山のすぐ西斜面の、バステールという町にあり、そこは噴火口からわずか四kmしか離れておらず（図9-1）、しかも七月八日の大噴火の時は風下に当たり、火山灰をたっぷりかぶったのであった。

会議の後数カ月たって、個人的な興味から、現地を訪れたのだが、驚いたことに、バステールの町からさらに火山に近い方向、火口から一〜二kmしか離れていないところにある地区（サンクロード）が、この辺りでは高級住宅地であることであった。熱帯地方では、海岸近くの低地よりも山に近い高地の方が住みやすいということがある。ということは、グアドループ島の高級官僚の多くがこの辺りに住居を構えていたことになる。彼らの住居から大して離れていないところにある火口から噴火したのだから、おそらく強い恐怖感を抱いただろうと思う。個人的な感想であるが、公式には発表されないこのような地理的、心理的状況が、あわただしい避難決定を加速したであろうことは十分推察できる。

論争

状況をさらに悪化させたのは、タジエフ、アレグレ両氏の強烈な論争であった。アルーン・タジエフ（Haroun Tazieff）は、ポーランド生まれ、ベルギー国籍を経てフランス国籍になり、世界中の火山を探検し、多くの映画を作り、画像満載の火山の書籍を出版して、有名になった人である。フランスでは海洋学者のジャック・クストーが海洋、特に深海の科学に関する著書できわめて有名であり、フランスの大きな書店に行くと、クストーの海洋に関する豪華本が広く書棚に並んでいる。残念ながら、日本ではこのようなポピュラーサイエンス文化は広まっていないのだが、タジエフの本はクストーの火山版とも言えるもので、ある種の国民的英雄とでも言える人であった。彼は世界中の活火山の調査・探検を行い、特に中南米、アフリカの火山探検記が広く読まれている。

彼はフランスでは火山専門家として広く知られ、当時、フランス国立科学研究センター（CNRS）の火山専門官として、スフリエール火山の噴火活動の調査の、いわば責任者というポジションにあった。彼は、人々が騒ぐのを真っ向から否定し、大噴火は起きない、これは小さな噴火であり、危険はないから避難する必要はないと、自信たっぷりに宣言した。そして、大騒ぎの中を、かねての予定通りに、グアドループ島を離れ、エクアドールの火山の視察に出かけてしまった。

ところが噴火騒ぎは収まらず、噴出を続ける火山灰に大量の新鮮マグマの破片が含まれるという、実は間違った情報が吹聴され、とうとう現地の総督府はたまらなくなって、全員退去の命令を八月一五日に出した。タジエフの不在のまま、島の半分が避難という大騒ぎになったのである。記録によると総数七万三六〇〇人の住民が避難したが、そのうち四万人は一五日以前に避難をはじめていたので、命令が出てから四八時間以内に避難を完了した人数は三万四〇〇〇人足らずであった。専門家として責任があるはずのタジエフは、この避難騒ぎが終わってからやっとグアドループ島に帰ってきたので、当局者にはおそらく悪印象を与えたことと思われる。

どのような経緯があったのかわからないが、この騒ぎの最中に、フランス国立の地球物理学研究所(IPG)の所長が代わり、新進気鋭、三六歳の地球化学者クロード・アレグレ(Claude Allègre)が新所長となった。六三歳のタジエフの上司となったわけである。アレグレは、その後多くの科学賞を取り、教育大臣まで務めた、フランス一流の学者であり、同時に政治家であるが、当時は火山学の経験はまったくなかった。大規模避難は無用であり、自分の判断はまったく正しかったというタジエフに対し、大噴火の兆候はあった、避難は避けられなかったというアレグレ、両者は激突した。テレビでの両雄対決は格好の話題となり、フランス全国がそれを見て興奮し沸き上がった。両人ともアグレッシブな性格で一歩も引かず、自信満々というタイプであり、マスコミが対決をさらに煽りたてるという最悪の状況となった。そこでフランス人科学者抜きの国際科学委員会を開いて、事態を収めようということになったのである。

フランク・プレス博士はフランス政府の意向をくみ、適当な時期に大規模避難を終了させるという方向で、火山学の手本になるような立派な報告書を作るようにわれわれに命じた。なるべく定量的に表現しようということで、これから三カ月以内に大規模噴火が起きる確率は三％以下であるという結論をまとめて、海外県大臣のところへ持って行った。ところが彼は両手を上げて大げさな身振りでそれを拒絶し、「三％とはとんでもない。そんなに高い確率はわれわれには到底受け入れられない…」という。われわれ火山研究者は、三％なら十分低い値だと思っていたので、あっけにとられたが、仕方なく、数値での表現はやめることにした。当時の記録を読むと、フランス行政当局は、「住民の安全を絶対に守る。一人の犠牲者も出さない」という行動原則を強く主張していたようである。危険度は限りなくゼロであるという学者の結論が要求されていたのである。大げさに言うと、「政治と科学の違い（または、政治家と科学者の常識の違い、あるいは生態の違い）を見せつけられた」というところであろうか。

政府高官やわれわれ委員会の面前でのタジエフ、アレグレの怒鳴り合い、罵り合いや、行政官の理解困難な行動パターンなどは、若手研究者としての私自身には、まったく新しい世界で、衝撃的な経験であり、大変勉強になった。同時に、それ以後ずっと続くことになる、マスコミに対する恐怖心もしっかりと植え付けられることになった。

委員会の報告書の大部分は、火山観測の結果とそれに至る体制の不備を指摘する内容になった。二〇世紀半ばは、それまでの定性的、牧歌的な火山学から、機械観測に基づく、火山活動の定量的なキャラクタリゼーションを中心とした近代火山学への移行時期であったと言える。活火山を多く抱える国はすでに移行済みであったが、フランスはまだそこまでいかないところだったのである。委員会の提言に沿って、一二月はじめに避難指令は全面的に解除され、この大事件は落着した。いや、タジエフにとっては事態は暗転し、氏は火山研究所の職を解かれ、行政的にはアレグレの勝利となったとも言える。見方によっては、英雄的な個人とエスタブリシュメントの対決に勝負がついたともいえるだろう。誰にとっても後味が悪い結末となり、苦い記憶となった。

その後フランス政府はかなりの予算をつぎ込んで、火山観測、研究活動を強化した。ハワイ式の噴火で名高い、インド洋のフランス領レユニオン島に火山観測所を新設し、既存の火山観測所も強化し、今では火山先進国の仲間入りを果たしている。

第10章　「火砕流」と言えない？——有珠火山一九七七年噴火

噴火の経緯

北海道の有珠火山の噴火活動は一九七七年八月七日からはじまって、約四年続いた。ただし、最初の一週間は爆発の噴煙が四回も空高く噴き上がって大変だったが、一週間くらいで静まり、比較的小さな規模の噴火が時々起こるというような状態になった。一カ月も経たないうちに避難解除の話がはじまった。しかし一一月になって、山頂火口で水蒸気爆発がはじまり、その繰り返しがずっと続いて、溶岩ドームが一八〇ｍも隆起し、結局噴火の終焉が宣言されたのは、最初から四年後の一九八一年九月だった。

有珠火山は洞爺湖を作る大カルデラの南縁に、約一・五万年前から成長を開始した、中型の火山である（図10－1）。最近約三五〇〇年間には、九回の噴火を繰り返し、プリニー式軽石噴火、火砕流、

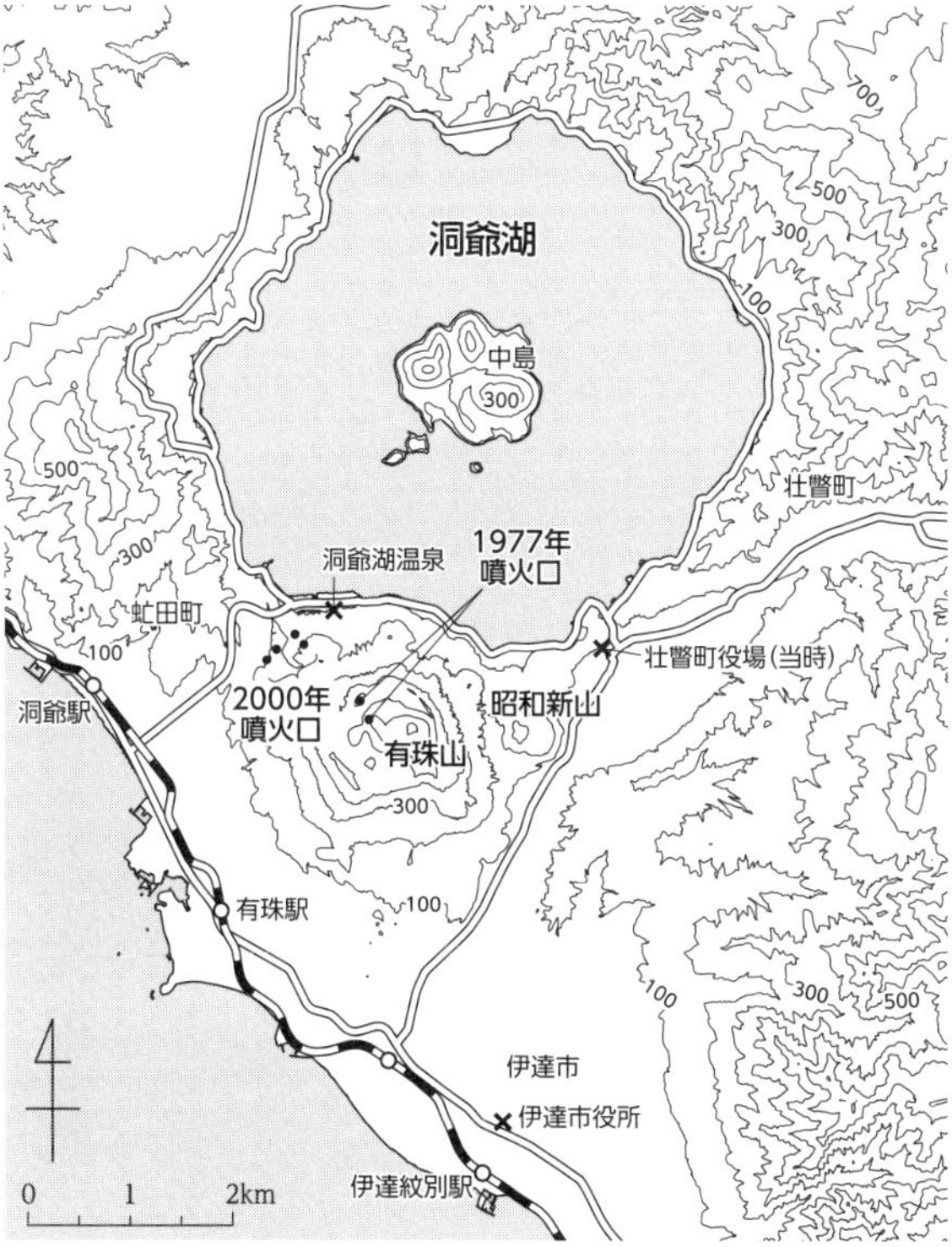

図 10-1　有珠火山周辺の地図

マグマ水蒸気噴火、溶岩ドームの成長など多彩な活動を繰り返してきた。一九七七年八月にはじまった噴火活動も例外ではなく、火砕流の発生がなかっただけで、過去の噴火様式のすべてが発現した。死者・行方不明者は三名で、降雨による二次土石流によるものであった。

ビッグ4との遭遇

私が有珠を訪れたのは、噴火がはじまってから二日経ってからで、千歳空港からレンタカーを借りて伊達市まで来たところで、大噴火に遭遇した。八月七日の一回目から数えて四回目の噴火で、ビッグ4（Big IV）と呼ばれた、プリニー式の噴火であった（写真10-1）。山頂近くの火口から垂直に、一万mも噴煙柱が噴き上がり、西風に吹かれて東方になびき、南側から見ると、空の左半分が青空で、右半分が暗灰色の噴煙で満たされていた。

道端に車を停めて見上げていると、噴煙をかいくぐって、ライトを点けた車が北側から何台もこちら側にやってくるではないか。私は驚いた。なぜなら、自分がそれまで知っている噴煙柱といえば、浅間山の噴火しかないからであって、浅間の場合は、噴煙の風下では、大小の硬い岩片が落下して来て、車の窓ガラスが割れたり、ボディが凹んだりして大変危険な状態となる。車外にいたら、当たりどころによっては命に関わる。どうやら、有珠の噴火の場合は、自動車は皆、無傷で噴煙をくぐり抜けてくるようであった。

しばらく様子をうかがった後、恐る恐る近付いていった。サンプルを採りたいので、思い切って車外に出ると、軽石が肩に当たる。少しも痛くない…。大胆になって、かがんで軽石を採集する。かなり大きな軽石が背中に当たり、まるでマッサージを受けているような感触である。同じ粒径の降下火砕物でも、発泡度や硬さの差で危険度が極端に違うことを実感した。さらに大胆になり、地元のドライバーをまねて、噴煙の下をくぐって、洞爺湖南の壮瞥町役場までたどり着いた。ここが火山観測陣の現地本部である。

町役場からさらに西へ進み、洞爺湖岸道路まで達すると、噴煙柱の根元が間近に見える。驚いたことに全然爆発音や轟音が聞こえない。灰白色の太い噴煙が勢いよく噴き上がっているのだが、ほとんど無音である。時々小さな破裂音が聞こえるが、おそらく摩擦電気による雷鳴であると思われる。稲妻は時折、噴煙の中で光るのが見られる。教科書通りであれば、噴煙柱からいくばくかの岩塊が辺りに投出されて危険を感ずるはずなのだが、それもなく、煙はもくもくと、ほぼ無音で垂直に昇っている。

後になって空中写真を見る機会があったが、新たに開いたビッグ4の円形の火口の縁には噴石の堆積がほとんどなく、火口縁は切り落とされたように明瞭に見えた。数時間以上続いたプリニー式噴火を通じて、噴出物（軽石）は火口縁にこぼれ落ちることなく、まっすぐ上昇していったようである。

写真 10-1　有珠山 1977 年噴火のビッグ 4 のプリニー式噴煙柱

四回の大きなプリニー式噴火のうち、ビッグ1と4は、西風のため噴煙は東方へ流されて、軽石は東から南東麓へ降り積もった。ビッグ2と3は、南東風だったため、北西麓、すなわち洞爺湖温泉街方面へ軽石が降り注いだのである。その時のテレビニュース映像を見ると、浴衣がけの宿泊客が頭に段ボールをかざして路上を逃げまどっている様子がある。それを見て私は本当に目を疑った。なぜなら、慣れ親しんできた浅間山のブルカノ式噴火で、このような状景になったなら、岩片の直撃を受けて死傷者多数という惨劇になっていたはずだからである。こぶし大の噴石は皆、発泡度のよい軽石であったため、負傷者がなかったことは幸いであった。

洞爺湖温泉がある虻田町（現在は洞爺湖町）の当事者は、この噴火がはじまった時は、まったくの無防備であったと言える。地元では、ビッグ1がはじまる前夜に、「昭和新山火祭り」を行い、四万人を集めて昭和新山の麓で花火大会を行うことに、何の心配もされなかったのであった。この日は日中から有感地震が多数起きて、「洞爺湖周辺で有感地震多発」というニュースがラジオやテレビで放送されていたにもかかわらず、火祭りの現場では、虻田町長がみずから「マグマ大使さえ、このお祭りをお祝いして、大地を揺らして皆さんを歓迎している」と述べていたという。防災対策の主役となるべき、地方自治体の長でさえこの程度の認識であったことがわかる。

火砕流の怖さ

一九七〇年代というと、日本の主要火山での火山観測施設が、整備されつつはあったが、まだ十分とはいかなかった時期であった。有珠火山についても、北海道大学付置の火山観測所の設置が決まったばかりで、観測所の庁舎も未完成な状態で、一九七七年の噴火に遭遇したのであった。それでも気象庁に設置された「火山噴火予知連絡会」を中心とした大学研究機関のネットワークは整っていたので、北大を中心として、全国の有力大学から火山研究者たちが集まってきて、観測体制を構築することがはじまった。私は、火山研究者ではあるが、地震計や傾斜計など、機器観測の専門ではないので、いわば遊軍として、その辺りをうろうろしているような感じであった。

私の専門に近い事柄として、この時の有珠火山の噴火では、火砕流の危険性の問題があった。有珠火山では、一六六三年（寛文三年）以来、七回の噴火のうち、六回の噴火には火砕流あるいは火砕サージの発生が認められ、特に一八二二年（文政五年）の噴火では海岸沿い（南岸）の集落が襲われ、一〇〇名近くの死者が出たとも言われている。

というわけで、有珠火山の噴火では、火砕流の危険性は避けて通れない問題となっていた。しかし当時、世間の認識には「火砕流」という概念すらなく、防災担当者の間ですら、「ありそうもないことを騒ぎ立てて、いたずらに不安を掻き立てるな…」という反応を招くのが普通だった。現場で、気象庁の担当官から「火砕流の話はしないでください」と、釘を刺されたので、急に反発を覚えた。火山噴火予知連絡会のメンバーでもないのに、いわば名指しで発言を封じられた理由は、私が火砕流を専門としていることがわかっていたからでもあった。日頃のわだかまりもあって、「よし、積極的に火砕流の危険性を発言してやろう」と反発したのである。

発言の相手としては、当然マスコミがある。どのように説明しようかと考えていくうちに、はたと思い当たった。記者たちは当然、「火砕流」や「熱雲」という言葉を知らない。「火砕流とはどんなものですか?」という質問に答えて、説明をはじめる順序として、当時教科書に載っている実例としては、第1章でも紹介した一九〇二年のプレー火山のあの火砕流(熱雲)がある。すると、翌日の新聞の見出しに「三万人が死んだ熱雲…」と印刷されるのが目に浮かんだ。大変ショッキングな記事になるだろう。

これまでの限られた経験でも、マスコミの過剰反応が恐ろしいものであることは十分わかっている。思い悩んだ末、結局私自身から積極的に火砕流について発言することは思いとどまった。今になって振り返ると、当時発言しなかったことは正しくなかったと思う。適切な警告がなされなかったために、その後の一九九一年の雲仙火砕流の大惨事にまで尾を引く結果になったのではないかと感じる。

ただ、火山研究者の名誉のために書き留めておきたいことは、当時北海道大学の有珠火山観測所長であった横山泉教授のことである。横山教授は、当時の火山物理学者としては例外的に、火山地質学者の言い分によく耳を傾けられ、有珠火山が過去に繰り返し火砕流による犠牲者を出していたことを正しく理解されていた。

一九七七年の大噴火が一段落し、山頂地域一帯で、比較的小規模な水蒸気噴火が頻発するようになっていた翌一九七八年三月に、北大理学部で極秘の「火砕流検討会議」が開かれることになった。私は横山教授から直々に「火山学にくわしくない防災担当者向けに、火砕流とはどんな現象であるかを説明してほしい」との依頼を受けて、東京からわざわざその秘密会議に参加したのであった。なぜ秘密会議かというと、「…不適当な報道はいたずらに関係住民に不安と動揺を与える恐れがあり、行政当局の熱雲対策と取り組みについては、もう少し事態が明確になる段階まで、マスコミにその報道を控えてもらうことが適当」という、道庁の意向に沿ったものだったらしい。予想通り、私が行った、火砕流（熱雲）の実体と、「途方もない」災害の事例についての説明がすんなりと受け入れられはしなかったが、その後の地元自治体や住民の反応から見ても、当時の関係者の火砕流報道に対する警戒感（むしろ恐怖感）がいかに深刻であったかをうかがわせる事例の一つとなった。

第11章　山体崩壊と爆風の威力——セントヘレンズ火山一九八〇年噴火

ゴルシコフ博士の学説

一九八〇年五月、突然ＮＨＫから電話がかかってきて、「アメリカで火山が噴火した。そのビデオが来ているが、火山学的に意義があるものかどうか見てほしい」とのことであった。特別な期待を持つでもなく、通り一遍の興味を持って局に行ってビデオを拝見して、ショックを受けた。特に、多くの立木がいっせいに同一方向に倒れている光景が衝撃的であった。

それを見て、「あっ、ゴルシコフ博士の説が正しかった！」と心の中で叫んでいた。彼は当時カムチャツカ火山研究所の所長で、ソビエトの火山学界の権威であった（第5章参照）。カムチャツカには活火山が三〇以上あり、日本列島に劣らず、火山活動が活発な地域である。もっとも活動的な火山の一つがベズミヤーニ火山で、ゴルシコフ博士は、一九五六年の噴火が特殊なものであり、強い爆風が発生して、山麓一帯の森林をなぎ倒したという説を唱えていた。

しかし、博士がその学説を国際学会で主張してもあまり反響はなく、私自身も博士の熱心な説を個人的に聞かされても、あまりにも突飛な考えのように思われて、心からの賛同者になることはなかった。それが、目の前にある映像——巨大な樹木がマッチ棒のようになぎ倒されている光景を見て、これが博士の言っていた「爆風」かもしれないと思ったのである。

バンクーバー現地対策本部

急遽、外国出張の手続きをして、このセントヘレンズ火山のある現地へ飛んだ。オレゴン州ポートランドへ着陸し、コロンビア河を隔ててすぐ北側のバンクーバーという町を訪れた。この町はワシントン州にあり、同州の北側のカナダ側にあるバンクーバー市と同名であるが、まったく別の町であり、人口は一〇万人くらいで、カナダのバンクーバーよりはるかに小さい。

この町に噴火の対策本部がおかれていて、そこへ顔を出すと、私が外国人としては最初の訪問者であることがわかった。対策本部には顔見知りのアメリカの火山研究者が大勢詰めていたが、暗くて、沈み込んだ、異様な雰囲気であることに気が付いた。その理由はすぐにわかった。アメリカ地質調査所（U. S. Geological Survey）の所員である、デイビッド・ジョンストン（D. Johnston）博士（当時三〇歳）が、噴火に巻き込まれて殉職したと聞かされて、またまたショックを受けた。

デイブ・ジョンストンとは前の年（一九七九年）に、アラスカ、アリューシャン列島の火山をヘリコプターで二週間も一緒に調査、見学した仲であった。お互いに火砕流という噴火現象を専門として研究していた手前、すぐ親密になり、これからも互いに情報を交換しようと約束をしたばかりであった。彼は優秀な研究者であり、同僚からも尊敬と信頼の目で見られ、将来を嘱望される若手研究者であった。なかば呆然としているアメリカ人の火山研究者たちに交じって、私自身も平常心を保てなかったことを覚えている。

セントヘレンズ火山とカスケード火山帯

噴火したセントヘレンズ火山は、北アメリカ大陸の太平洋岸に沿って走るカスケード火山帯に属し、地質学的には、最近頻繁に噴火を繰り返してきた活火山である（図11－1）。

最近では一八五七年に噴火したが、近い将来も噴火するだろうという予想が強く言われていた。偶然とも言えるが、一九八〇年の噴火に先立ち、一九七八年に新しい報告書が出版され（Crandell and Mullineaux, 1978）、セントヘレンズ火山が将来どのような噴火活動をするであろうかがくわしく議論され、噴火による危険区域の地図（ハザードマップ）が公表されていたのである。奇しくもこの報告書の予想が当たり、おそれられていた通りの災害が発生したと言えるような事態が一九八〇年の噴火の際に起きたのであった。

一九八〇年の噴火の前のセントヘレンズ火山は、富士山型の均整のとれた円錐系の山容を誇る、中型の規模の火山であった（海抜二九五〇ｍ、噴火後には二五五〇ｍまで低下した）。このような火山

【お詫びと追記】

本書の第 1 章に関して，以下の出典表記が抜けておりました．記してお詫び申し上げます.

第 1 章の，プレー火山の熱雲とサンピエール市の破壊に関する記述の一部（4-5 p 乳母の証言、5 p 船員の証言、7-8 p レアンドレの証言）は，ゴードン・トマス，マックス・M・ウイッツ著「サンピエール最後の日」リーダーズダイジェスト誌 1975 年 1 月号から引用させていただいた.

ISBN978-4-13-063717-6「噴火した！」訂正票

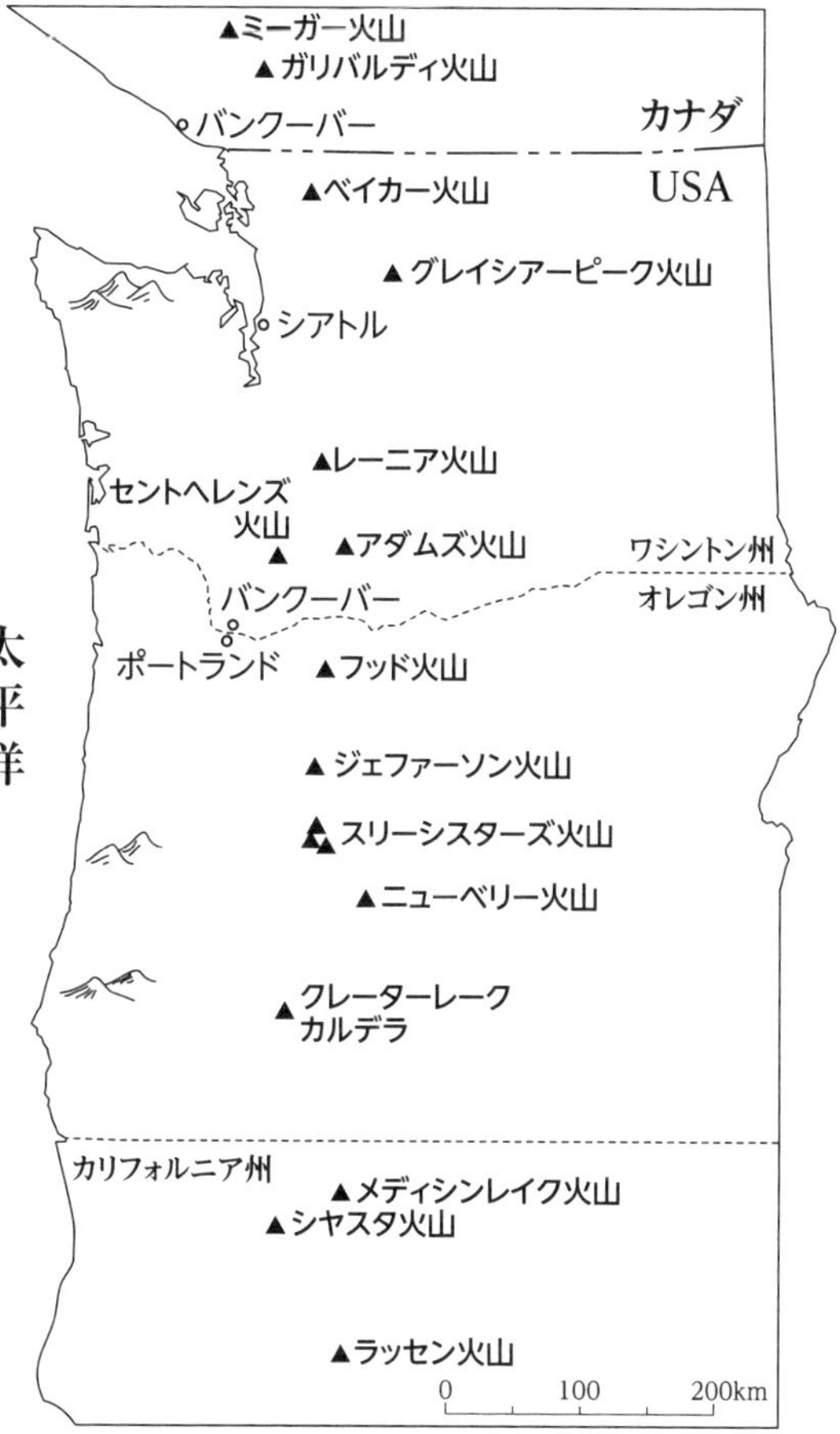

図 11-1　カスケード火山帯

が数十キロメートルの間隔で南北に列状に連なっているのが、カスケード火山帯である（図11－1）。日本本州の火山帯と似ている。カスケードの火山帯も東北日本の火山帯も同じく、プレートの衝突境界に沿って生じたもので、海洋プレートが大陸プレートに衝突して、斜め下方に潜り込むという構造はまったく同じである。

ただし、衝突・潜り込みの方向は正反対で、東北日本の場合は海洋プレートである太平洋プレートが東側から、大陸プレートであるユーラシアプレートに衝突して、西方へ向かって斜め下方に沈み込んでいるのに対し、カスケード火山帯では、海洋プレートであるファンデフカプレートが西側から、大陸プレートである北アメリカプレートに衝突して、東方へ向かって斜め下方に沈み込んでいるという配置になっている。したがって、地球上の配置は東西逆になってはいるが、地下深くマントルまでの構造はほぼ同じであると考えられ、したがってマグマの発生場所や噴火のメカニズムなども同様だと考えられている。

第6章で述べたような、ハワイ型の火山活動とはまったく異なっていて、玄武岩などはむしろ少なく、安山岩、デイサイトなどのマグマが卓越する活動が特徴的である。日本の火山に親しんできた日本の火山研究者にとっては、ハワイなどよりはずっと親近感が持てる火山地域である。

大噴火に至るまで

噴火は一九八〇年三月二七日からはじまった。

最初は、小規模な水蒸気爆発を繰り返した。山頂火口から小規模の泥流を流し出し、雪を融かして何本もの黒い筋を作った。噴火の一週間前からはじまっていた火山性地震は少しも衰えることなく、むしろ増加するようになったことが注目に値する。地震の震源は浅かったが、火山性の地震としてはかなり大きいものが目立った。マグニチュード四というのは通常の構造性地震ではそんなに大きくはないのだが、火山体直下で起こる地震としては随分大きい方であり、これが多数起こり、その振動で雪崩が頻繁に発生した。

四月に入って、地元の人たちが山頂部が膨らんでいると言い出した。火山学者も早くから気付いていたが、五月に入ってからレーザー距離計で測定してみて驚いた。一日に最大二mも山腹が張り出しているのであった。

一九八〇年当時は、最近とは違い、距離の精密測定にはレーザー光線を反射させる場所、すなわち山腹に、精密な反射鏡を設置する必要があった。しかし、ハワイのキラウエア火山とは違い、一日に何センチメートルも変形するスピードであるから、道路際の標識に使う、安物のプラスチック製の反射板で十分であった。これを即製の木の枠に打ち付けたものをたくさん作って山腹に設置し、距離を測定しようとした。噴火の最中に、急峻な山の斜面に反射板を置く作業は、ヘリコプターを使う危険な作業であるが、アメリカの研究者たちは苦もなくそれをやってのける。五月になると、距離が一日に一m以上も縮むこと（すなわち山体がそれだけ張り出すこと）が明らかになった。

立ち退き命令と大噴火

セントヘレンズ火山の周辺地域、特に北麓地域は、スピリットレイクという湖もあり、大変景色がよく、数多くの山荘が建っていて、レクリエーションの場として人気があった。特に休日には多くの人々でにぎわうところであった。

ワシントン州当局は早速山麓一帯を立ち入り禁止区域として、山荘滞在者には、すぐに立ち退くよう警告を発した。山麓一帯は無人地帯となったが、避難命令が二週間、三週間と続くようになると、退去させられた住民たちの不満が募るようになってきた。警告されたような大噴火が起こるような気配は一向に見えず、住民は我慢できなくなり、わが家に帰りたいとの要求が沸き起こった。アメリカは訴訟社会であるとよく言われるが、この時も、住民は警察署長に抗議して、立ち入り禁止の法的正当性を疑問視し、職権乱用で訴えるぞと迫った。

警察も激しい要求に困って、五月一七日と一八日にグループで一時帰宅を許そうということになった。一七日の一時帰宅は無事に終わったが、翌一八日日曜日の八時三二分に、火山体の直下でマグニチュード五・一の地震が発生した。グループでの一時帰宅の直前であった。

マグニチュード五といえば、普通の（構造性）地震では特別に大きな地震ではない。しかし、火山活動に関係して、火山体の中心部で起きる地震としては異常に大きなものである。この地震が引き金となって、火山体の大崩壊が起きた（図11－2）。崩壊は北側山頂部からはじまり、主として山体の北側が、続けざまに、都合三度にわたって大きく崩れ落ちた（写真11－1）。それに伴って大爆発が

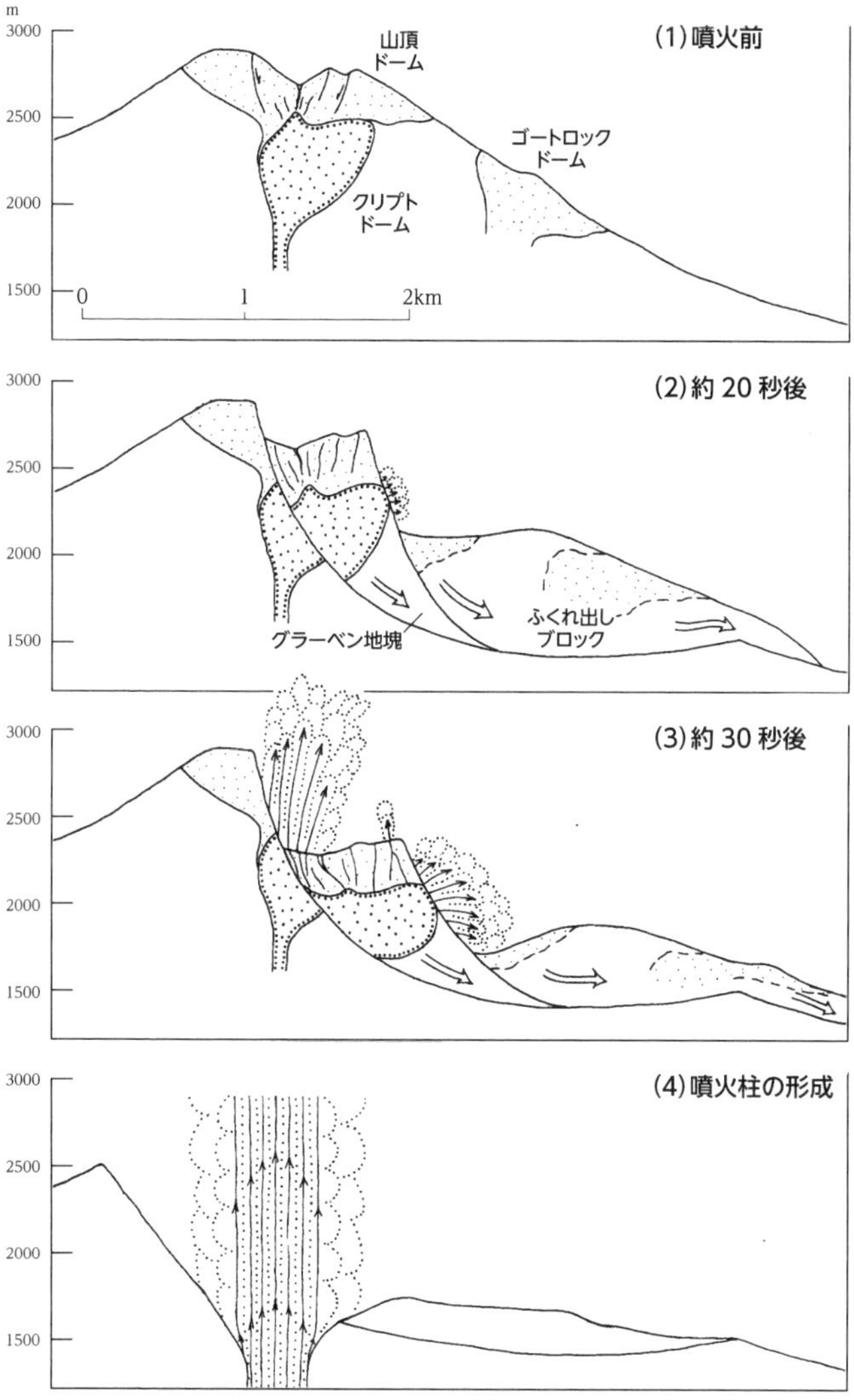

図 11-2　セントヘレンズ火山爆発のシークエンス（Lipman and Mullineaux eds., 1981）

写真 11-1　爆発から約 1 週間後のセントヘレンズ火山

起こり、噴煙が上方に立ち昇ると同時に横方向にも激しく射出された。崩壊物は一団の「岩なだれ」となり、北麓を猛スピードで駆け下りた。北麓を東から西に流れるトゥートル川を埋め立て、さらに南へ曲がってコロンビア河へ流れ込み、下流に大洪水を引き起こした。一八日の朝に一時帰宅を予定していた別荘の住民は、危うく難を逃れたのであった。

この「爆発プラス山体崩壊」による被害は死者五八名、その大部分は警告を無視して非合法に禁止区域に入っていた人々であった。唯一の公務中の死者はデイビッド・ジョンストンであった。

山林の破壊は広域にわたり、河川の氾濫、堆砂などを含め、被害総額は二七億ドル（約三〇〇〇億円）に上った。火山災害としても、もちろん大きな数字であるが、アメリカ本土で起きた有史以来、はじめての噴火災害であると同時に、火山学的にもきわめて興味ある現象が数多く起きたため、アメリカのみならず、世界中の学者から注目される大事件となった。

まず、山体崩壊であるが、一八八八年（明治二一年）の磐梯山の噴火の際に起きた現象ときわめて類似していることがわかった。磐梯山の爆発的噴火については、当時の日本としてはまれに見る国際的な水準の研究成果が発表されている。特に、菊池安・関谷清景両教授の英文の大論文は、明治時代の日本の学者の論文としては世界的に見て一流の水準をいくものであった（Sekiya and Kikuchi, 1889）。しかし、後日、誤った解釈が流布されて、爆発により山頂の一部が吹き飛ばされて、その跡に大噴火口ができたという説が広まった。小磐梯と呼ばれていた部分は消滅し、その跡には、北方に向かって開いた大きな馬蹄形の窪地が生じている。約一・二立方㎞の山頂部分が失われたというが（実際にはもっと少量であったという意見もある）、そのような大量の岩石が、爆発によって吹き飛ばされ、空中を飛行して、山腹や山麓一帯にまき散らされたということは、事実とはかけ離れた解釈であった。実際は、円錐型の火山体の頂部が崩壊して、大規模な岩なだれとして、地表に沿って山腹を高速で流下し、山麓に展開したというのが事実である。この噴火により、泥流（土石流）が発生し、四六一名の人命が失われた。また岩なだれによって渓流がせき止められ、檜原湖や五色沼などの多くの湖沼が生じ、現在では風光明媚な磐梯朝日国立公園の一部として、国民のレクリエーションの場となって親しまれている。

セントヘレンズ火山の場合もこれに似ていて、富士山によく似た形をした山容を中心とした山麓を含めての地域は景色が美しく、夏は登山やキャンプ、冬はスキーとにぎわう場所となっていた。五月一八日は日曜であったので、もし避難命令が出されていなかったならば、最大三万人以上の人々が噴火の犠牲になった可能性があると言われている。山麓には多くの山荘もあり、一年を通して住み着いている人もいた。

その一人が、噴火当時有名になった、ハリー・トルーマンという老人で、第三三代アメリカ大統領と同姓同名であるという理由と、避難命令を頑強に受け付けないという理由で、マスコミを引き付けたのであった。彼は「長年住んできた経験から、この山は噴火しないと確信している。学者たちの言うことなど信じない。自分は絶対に避難しない…」と言って説得する人々を手こずらせたが、結果的には彼の予測はまったく外れた形となった。噴火により彼が経営する山荘は厚さ六〇m以上の岩なだれ堆積物の下に埋まり、本人の行方は誰にもわかっていない。

大噴火の瞬間

セントヘレンズ火山の大噴火の瞬間から続く数分間は、近代火山学にとってもっとも忘れがたい時間の一つとなった。

一九八〇年五月一八日午前八時三二分に、地質学者のキース・ストフェルとドロシー・ストフェル（Keith & Dorothy Stoffel 二人は研究者夫婦である）は小型飛行機に搭乗して、セントヘレンズ火山の山頂のすぐ近くを飛行していた。以下に彼らの報告を引用する。

「当時飛行機は、山頂近くの北側斜め上空を西から東方向に飛行していたが、山体の北側斜面が突然ぐにゃぐにゃとなるような感じで変形しはじめ、山腹全体がゆっくりと滑落しはじめるように見えた。同時に山頂部から黒煙が噴出し、ものすごい勢いで拡大、上昇をはじめ、私たちの飛行機のほうにも迫ってきた。もちろんコックピット内では、引き金となったマグニチュード五の地震を感じることもなかったし、爆発音が聞こえたわけではなかったが、大爆発がはじまったことはすぐにわかった。パイロットもすぐに異変に気付いたが、急速に拡大する噴煙柱に追いつかれそうになったので、急下降して速度を上げ、急旋回して山頂を右に見るようにして、南を目指して退避を試みた…」

本当に危機一髪で大噴火をかわして、脱出することができたのであった。この生々しい話は、バンクーバーの対策本部で毎日夕刻に開かれる、火山研究者同士のミーティングの席上、私がじかに本人たちの口から聞いたものである。

このミーティングは、行政的な事務手続きの会議などとはまったく別のもので、純粋に科学的なテーマ、内容についての報告と討論をするような場である。多くの研究者がその日一日の野外作業から帰ってきて、夕刻から夜にかけて対策本部に集まり、結果を報告し合い、議論を交わすのである。

セントヘレンズ噴火の場合は、地元の研究者集団の元締めとして、アメリカ地質調査所の先任研究者が取りまとめをするわけだが、この報告会は原則的にすべての火山研究者に開かれたものであった。

もちろん、私のような外国からの研究者が参加し、意見を述べることも歓迎される。したがって、きわめてインフォーマルな雰囲気であり、椅子が足りないので床に座り込んでいる参加者も多い。

このような科学者だけの検討会は、一九八五年のコロンビアのネバドデルルイス火山の噴火の時も、火山の麓にあるマニサーレスの町に設けられた現地対策本部で行われていた。いわば必要が生み出した、自発的な調査研究活動とでも言うべきものであり、災害の救援、避難対策などを扱う、行政的な対策本部とは異なるものである。大きな災害を伴う大規模噴火の際には、国境を越えて多くの火山研究者が自発的に集まって議論を行う場が、必然的に生じるとも言うべき現象であろう。

岩石なだれと爆風による破壊

大噴火の直接の引き金となった地震は、一九八〇年五月一八日〇八時三二分一一・四秒（太平洋沿岸標準時夏時間）に発生、マグニチュードは五・一、震源の位置はセントヘレンズ火山の山頂直下、深さ一・五kmであった。繰り返すが、マグニチュード五の地震は、非火山性の地震では、特に大地震とは言えない規模のものだが、火山体直下の地震としてはきわめて大きいものだ。この地震が引き金となって、すでに無数の割れ目が入っていた山体が一気に崩れたのであった。

ストフェル夫妻が目撃したように、火山体の上部はすぐに崩落をはじめた。そして次の瞬間（後述するボイトのくわしい検証によると、地震発生の後約一〇秒経ってから）、山頂火口からと北側斜面、八合目くらいの高さの地点の二カ所から、黒煙が勢いよく噴出した（図11-2）。

実質的な山体の崩壊は、山頂より約二〇〇m下がった、北側斜面の下方部分が滑り落ちるような形式で、くわしく見れば三回（三層）に分けて滑落したのであった。当時、火山の北東麓、約一五km離れた地点にいた、ワシントン大学の地球物理学専攻の大学院生ローゼンキスト（Gary Rosenquist）が三六秒間に二一枚、立て続けに撮った写真が、噴火メカニズムの解析に役に立った。これらのカラー写真は、爆発の煙が高速度で立ち昇り、また同時に、横方向に射出して山麓を駆け下ってゆく様子を、きわめて鮮明に、迫力をもって示している。火山噴火の古典的な写真として長く記憶されるものとなるだろう。

写真をくわしく分析したボイト（Barry Voight）によると、爆風（噴煙）の水平方向の速度は毎秒二〇〇m以上に達した。キーファー（S. Kieffer）らによって想定されたこの爆発のモデルは次のようである。

円錐形のセントヘレンズ火山の山体の北側斜面、高度二四〇〇mのところに、東西の幅一〇〇〇m、高さ二五〇mの開口部が生じ、そこから、温度三二七℃、圧力一二五気圧の熱水（過熱水蒸気と岩片の混合物）が水平方向に噴出した。噴出物の総量は二・五億トン（密度を一・三g/cm³と仮定すれば〇・二立方kmの体積）。これが北へ向かって頂角一〇〇度で開いた扇状に広がり、約五〇〇平方kmの面積に展開し、堆積した。同時に山頂火口から上方に噴煙が上がり、成層圏にまで達し、東方向に広がって、広範な地域に降灰した。横殴りの激しい爆風に関するゴルシコフ博士の説は本当だったのである。

前述したように、セントヘレンズ火山の大爆発に先立っては、約二カ月の準備的な噴火活動が続いた。その間、噴火は主として小規模な水蒸気爆発として観察されたが、地下からデイサイト質のマグマが貫入上昇して、山体を徐々に膨らませて変形させていったというのが実態であった。事後からの総括によると、この貫入現象、それに伴う必然的な山体破壊、そしておそらく大規模な爆発…というモデルが、クライマックスのほとんど直前まで、火山研究者の間で十分に認識されず、共有されていなかったことが、この噴火事案の最大の問題点であった。

先に述べた、当時ペンシルバニア州立大学の地質工学の教授であったバリー・ボイト博士は、セントヘレンズ火山の山体が膨張し、傾斜を増しつつある現象に注目して、大規模な山体崩壊が起きるだろうと考え、早急に対策をとるべきだという意見を述べていた。私は、噴火後二〇年くらい経ってからボイト博士と親しくなり、研究者としての彼の卓越した才能を理解したのだが、自分の名声など気にしない、一匹狼的な彼の態度が、ある意味災いして、当時彼の主張はほぼ無視されていたようだ。

それまでのアメリカの火山研究は、アメリカ地質調査所の研究者グループにほぼ独占されているような状況であり、しかも世界に冠たるハワイ火山観測所を中心とした、玄武岩質マグマの噴火現象の監視・研究に偏る傾向が強かった。ボイトはそんなことには無頓着に、山体崩壊を主としたセントヘレンズ火山の噴火現象を予想する論文の原稿を仕上げて、関係者に配布したのが、まさに大噴火が起きる直前であった。結果的には、地質学者、岩石学者を中心としたハワイ学派の火山研究者の面目は丸つぶれだったといえるだろう。ボイトは、その後火山研究に打ち込んで、カリブ海のモンセラート火山の一九九〇〜二〇一〇年代の噴火研究などに大きな業績を残した。

勇敢なヘリコプターパイロットたち

アメリカという国は、自動車が大変多いが、自家用の飛行機も大変多い国である。多くの市民がパイロットの免許を持ち、セスナなど小型飛行機を所有している。国土の狭い日本ではとても考えられない光景であるとも言える。

セントヘレンズ火山の噴火の時も、自家用機のオーナーが大挙して、空から噴火の見物にやってきた。皆が火山の周りに群がって飛ぶので混雑し、大変危険な状況になった。そこで、安全のため、個人の遊覧飛行は禁止され、許可を得たものだけが、調査のための飛行を許されることになった。最近では、日本でも噴火騒ぎになると、多くの航空機、主にヘリコプターが群がってきて、時に危険な状態になる。ただし、日本の場合は、ほとんどが報道機関の航空機であるが。

オレゴン・ワシントン州の太平洋岸は、広大な森林地域であり、有数の木材産業が栄えているところである。そこを管轄する連邦林野庁（U. S. Forest Service）の主な仕事の一つが、森林火災の監視や消火活動である。そのために、林野庁は強大な航空隊を持っている。大型機もあって、大量の水を空中から散布して、森林火災の消火をすることはよく知られている。

噴火の際も、林野庁の固定翼機やヘリコプターの活躍が大いに頼りになった。噴火の最中は、連日、セントヘレンズ火山の頂上を飛行機で終日周回し、監視を続けるのである。日本などでは、とても考えられない強力な監視体制であった。火山専門家の数が足りないので、外国人の私も時に監視飛行に同乗したが、高度三〇〇〇m以上をひたすら旋回していると、軽度の酸素不足に陥って、眠気を催すようになる。パイロットは規則により必ず酸素マスクをつけている。

火山監視の主役であるアメリカ地質調査所も、セントヘレンズ火山の大噴火後は、数多くのヘリコプターをチャーターしていた。そもそも被災面積が広いうえに、道路が破壊されて通行できない場所が多いので、現地調査にはヘリが欠かせない手段であった。数人乗りの小型機で、ベルのジェットレンジャーという機種が多かったが、その少なからずが、汚れや小さな傷がついたりしていて薄汚い印象だった。予算が限られているので…と言い訳していたが、聞くと日本のヘリのチャーター代の三分の一くらいの値段で契約していた。

大手の会社ではなく、地元の小企業のヘリのチャーターが多かったが、野外調査に同乗しての印象では、実に頼りがいのあるパイロットたちであった。当時はベトナム戦争帰りのベテランパイロットが多く、素人目にも信頼がおける操縦ぶりであった。彼らに言わせると、見かけは汚いかもしれないが、肝心のメカはしっかり整備してあるということであった。森林の中に開いた狭い空地へ降りようとして、ローターの先端部を注意深く見張りながら、慎重に何度も着陸を試みるパイロットを見ていると、スリルを感じると同時に、深い信頼感を覚えた。

セントヘレンズ北麓に、スピリットレイクという湖水があったのが、噴火後は、なぎ倒された無数の樹幹が浮いていて、水面がほとんど見えない状態になっていた。湖の水質を調べる目的で、地球化学者のトム・カサデバル（Thomas Casadevall）博士と一緒に、ヘリに乗って湖面へ降りていった。材木で一面覆われた水面すれすれでホバリングしているヘリのスキッドにトムは素早く移動して、浮いている材木に乗り移り、湖水の標本を手早く汲み取ると、素早くヘリに戻ってきた。まるでアクションを映画を見ているようであった。

最重要であるトピックの一つは、火砕流堆積物の上を飛行する時の心得だった。火砕流が一面に地表を覆ってしまうので、元の地形、地質がまったくわからなくなるのが問題であった。ある日、火砕流堆積物の表面で、突然水蒸気爆発が起きて、噴煙柱が二〇〇〇mも立ち昇った。たまたまそばを飛行していたヘリパイロットが言うには、ベトナム従軍の時よりも怖い体験だったという。厚い火砕流堆積物に覆われてしまったトゥートル川の水が火砕流堆積物により過熱されて、水蒸気爆発を起こしたのだった。それ以後、元の河道の上を決して飛ぶなという厳命が出された。

数日前に噴出し、堆積した火砕流のそばにヘリで着陸した。ものすごい砂塵が舞い上がるのを巧みに風上によけて、すぐそばに降りた。軽石質の火砕流で、まだ熱気が感じられる。試しに足を踏み入れると、ずぶりと入り込んで火傷をしそうになる。クイックサンドの状態である。しかし、面白いことに、片足で何回か表面を軽くたたいてやると、その部分だけが固化して、一歩体重を乗せることができる。さらに片足でたたくと、次の一歩が踏み出せるようになる。「粉体」の面白い特徴の一つであった。表面から四〇cmの深さで温度が四〇〇℃くらいあった。きわめて貴重な体験だった。

噴火後に溶岩ドームの生成

五月一八日の大噴火のあと数日間は天候が悪く、セントヘレンズの山頂部を見ることができなかった。噴火の直後に山頂部が大きく欠落したことがわかっていたので、新しくできた火口の状態がどうなっているかを知ることが重要であった。もしかすると、新しい溶岩がせり出してきて、ドームを形成しているかもしれないし、溶岩流として流下をはじめているかもしれない。

対策本部で議論をしているところに、誰かが最上級の情報だと言って、空中写真を広げて見せた。ひどくぼやけた映像だが、どうやら黒っぽい溶岩ドームが形成されているように見えた。後で気づいたことだが、ＳＡＲ（合成開口レーダー）と呼ばれる、航空機によるレーダー映像だったと思う。写真を提供した男が、日本人である私が同席していたことに途中で気付いたらしく、急に黙り込んだのを覚えている。当時はまだ軍事用の秘密の技術であったのかもしれない。

関連して思い出すのは、噴火直後の数日間は、火山研究者とは明らかに異なる技術者集団が対策本部に詰めていたことである。彼らは、爆発現象に強い興味を持っていて、噴火当時の爆風のエネルギーや圧力にひどく関心があるようだった。アメリカ地質調査所の所員のような火山研究者、地質学者、地球物理学者、地球化学者とはまったく異なった「言語」をしゃべっていた。何とか圧力を知りたいということで、現地に転がっている使用済のジュースやビールの空き缶の変形度から、衝撃波の圧力を見積もることができないかなどという議論をして、われわれに火山学的な助言を求めてきたりした。彼らの議論は、ある意味荒唐無稽、しかし一方では実に見事で手際よく、能天気なわれわれ火山屋の議論よりは、はるかに垢抜けして感じられた。

彼らは、カーター大統領の科学補佐官である、フランク・プレス教授が近々現地視察に訪れると噂していた。その時はどういうふうに答えたらいいだろうかなど、緊張した雰囲気であった。プレス教授とは数年前に、フランスの火山噴火騒ぎの時会ったことがあり（第9章参照）、その時、彼がわれわれ若手研究者を叱咤激励していた雰囲気を思い出して、懐かしく思ったが、どうやらこのグループは原子爆弾の専門家たちであるようだった。

その後、このグループは、突然対策本部から姿を消した。火山の大爆発と聞いて、原爆の専門家たちが、強烈な爆風の跡から何かを学べるかと思って現地を訪れたものと思われる。振り返ると、セントヘレンズの噴火は、当時のアメリカの政府を含めて、国中に大きなインパクトを与えた事件であるらしかった。

FEMA

ある日、アメリカ地質調査所の研究者に連れられて、地域住民向けの災害対策本部のようなところを訪ねた。体育館のような大きな建物を借り切って、そこに種々の政府機関の出張所を集めたようなところであった。連邦政府、州政府、市町村のような地方自治体などの窓口を一カ所に集めたわけで、市民はその建物に出向けば、たいていの用件は足りるという、今でいう、ワンストップサービスのような段取りであった。私にとってははじめての体験で、「さすがにアメリカは進んでいるな」と感心した。

ここで見られる広報板には、火山噴火や災害に関する市民からの質問と、それに対する専門家や行政からの返答が掲示されていた。当時は、インターネットなどはもちろんなく、謄写印刷のビラを提供するというやり方であったが、内容は実に有用で、充実したものであった。

いくつか例を挙げよう。

問：火山灰を吸い込むと健康に悪いはずだが、セントヘレンズの火山灰はどのくらい危険か？　火山灰にはシリカ（SiO_2）が六〇％も含まれていると聞くが、珪肺の恐れはないのか？

答：火山灰を吸い込むことはできるだけ避けるように。マスクなどを常用し、帰宅後うがいをするように。火山灰に含まれている珪素は、火山ガラスや造岩鉱物を構成しているもので、珪肺を引き起こすような化学種のシリカではないので、珪肺になる心配はない。

問：自動車のエンジンに火山灰が吸い込まれると、ダメージを与えるのではないか？　対応策は？

答：オイルバス形式のクリーナーを使う旧式のエンジン（当時でもトラクターなどには使われていた）では、吸入された火山灰はダメージを与えるので、要注意（なるべく使用しない）。紙製のフィルターを備えたエンジンなら問題はない。頻繁にフィルターを清掃するように。推奨するフィルターのタイプは〇〇〇（なんと具体的な商品名が書かれている）。

問：自分はミツバチを飼育しているが、火山灰からどのようにして護ればよいのか？

答：（実はくわしい内容は忘れてしまった。しかし非常に興味ある内容だった）

シリカが六〇％も含まれる火山灰は珪肺症を引き起こすのではないかという質問は、実はきわめて重要で専門的な内容を含んでいる。珪肺症とは、鉱山などで岩石の細粉を大量に吸い込んで起きる、肺の機能を壊滅させるこわい病気だが、その中でもある種のシリカ鉱物が特に危険であるとされている。答えでは、セントヘレンズの火山灰では、SiO_2（シリカ）という化学種は、健康に危害を及ぼすような結晶型としては含まれていないから、六〇％も含まれていても心配はないということを、わかりやすく丁寧に説明しているのである。

このように、問答集の内容は、ある意味きわめて科学的によく書かれているので、おそらくちゃんとした研究者によって書かれているか、あるいは彼らが、内容に関して、しっかり相談に預かっているものと思われる。ここが日本と違うところで、日本の災害対策本部などでは、一般市民への、わかりやすい、しかし学術的にも正確な説明を随時提供できるというところまで、なかなかいっていないのが現状である。

後の話であるが、このワンストップ形式の施設は、アメリカ政府によって、前の年に新設された「連邦危機管理局ＦＥＭＡ（Federal Emergency Management Agency）」という役所が運営を担当していたのであった。それまでアメリカ国内では、危機対応に関わる役所の数が多くなり過ぎ、仕事が分散し過ぎて混乱していたことから、州知事会の要請に基づいて、カーター政権が一九七九年に「連邦危機管理局ＦＥＭＡ」を新設した。大災害が起きると、大統領が非常事態宣言を発令し、それに基づいて、ＦＥＭＡ（フィーマと発音される）に、一時的だが、集中的に強い行政権限が与えられるのである。危機に対応するため、ばらばらの政府機関の権限を越えて、包括的な緊急指令を大統領の名のもとに、発することができるのである。

セントヘレンズ噴火災害は、ＦＥＭＡのいわば初仕事であったのだと思う。ＦＥＭＡは、その後、カリフォルニアで起きた大地震への対応などで有名になり、世界的に名を知られるようになったが、二〇〇一年の九・一一の同時多発テロ事件以後、ブッシュ政権によって新設された巨大組織、国土安全保障省の一部に取り込まれた後は、いろいろな失敗の責任を問われたりして、気の毒な混迷状態に陥っているようにも見える。

その経緯は別として、ＦＥＭＡのような危機管理組織は、その後各国で採用されるようになった。火山防災にももちろん適用され、効果が期待される体制である。アメリカではさらに進んでいて、ＩＣＳ（Incident Command System）と呼ばれる制度が運用されるとのことである。これは、突発的、地域的な災害が発生した時点で、その事案だけに限って適用される緊急の危機管理体制であり、行政上の縦割り組織を一時的に取り払って、その場だけに適用される、アドホックな、自律的な現場処理組織を立ち上げるというものである。火山の噴火災害などには理想的な処理体制だと思うのだが、日本では、役所の縦割り構造（および精神）があまりにも強固なため、現状ではとても実現し得ない状況のようである。このことは、当事者の役人たちでさえ認めている。実際問題として、きわめて深刻な状態だと考える。

コールドウォーターII

セントヘレンズ火山の大噴火後、数日経ってやっと天候が回復したので、地質調査所の研究者たちが、デイブ・ジョンストンの遭難した場所を調べにいった。そのヘリに同乗して、その現場にはじめて降り立ったのだが、振り返ってセントヘレンズ火山そのものを遠望して、あっと驚いた。山頂まで直線距離で約九kmあり、ずいぶん遠くに山が見えるのである。しかも、比高一五〇〇mの円錐形の火山体は、その裾野をトゥートル川まで広げて、その北側に東西に延びるコールドウォーターリッジ(Cold Water Ridge)という尾根の上まで、川から五〇〇mの高度差があるのだ。

すなわち、ジョンストンが遭難した、コールドウォーターII(Cold Water II)という観測点まで、火山の山頂からは、その間に深くて広大な空間があるのだった。山頂から北へ直線距離で九kmあり、その中間は広くて深い谷間だから、われわれ専門家でも、ここに観測点を置くことが危険だとは、とても思わなかっただろうと感じた。別の言葉では、観測点としては、きわめて好適な位置にあったと言える。噴火以前から尾根の頂上付近は、一部木立が伐採されていたので、見晴らしは絶好だったはずだ。その場所に、小さなハウストレーラーと通勤用の乗用車を置き、噴火の当日は、その前夜から、ジョンストンが一人で監視任務に就いていたのであった。

ヘリから降りて、最初に気が付いたことは、ブラスト堆積物が厚くないことであった。平均二〇cm

の厚さもなく、したがって人間の体が横たわっていたら、すぐ発見されるような状況であった。トレーラーは跡形もなく、一緒にあったはずの乗用車も見つからない。しかし、トレーラーの破片と思われる木片などが落ちているし、破れた紙片や紙プレートやナイフ、スプーン、ボールペンのようなものが地表に散らばっているのを見ると、状況は明らかであった。トレーラーに装着してあった小型ボイラーのタンクとそれにつながっているパイプが、太い切り株の周囲にまつわりつくように引っかかっているのを見ると、破壊のエネルギーが強大であったことが実感された。

しばらく尾根の上を探した後、デイブ・ジョンストンの遺体は尾根上には残っていないこと、おそらく反対側の深い谷底に埋没しているだろうことが結論付けられた。のちに行われた専門家の調査によると、トレーラーは、ブラストの最初の衝撃により、ばらばらに破砕されてしまっただろうとのことである。ブラストの破壊力は強大なもので、尾根上に残っている樹幹は根こそぎになっているのではなく、根はそのままで、幹が地表から数十センチの高さで引きちぎられた格好になり、切れた部分はささくれ立って風下方向に倒れているという状況であった（写真11－2）。きわめて強力で高速なブラストによって、引きちぎられるようにして、特殊な形で樹幹が切断されたことがわかる。

もう少し風下側の斜面には、噴火当時、森林の伐採作業に使われていたブルドーザーなど、多くの重機の残骸が残っている。地上から二m以上の高さがある重機の操縦席の周りに、運転者を保護するための頑丈な網がつけてあるが、その網目に直径八cmくらいの岩塊が挟まっているのが見られた。噴火当時、直径八cmの岩塊が地上二m以上の高さを水平方向に飛行していたことの証拠である。尾根の

写真 11-2　セントヘレンズ火山の爆発により引きちぎられた樹幹

上は、そういうわけで、噴火当時生えていたはずの大木を含めて、一切のものが、根こそぎ吹き払われている情景がありありと目に浮かんだ。

低地では滅茶滅茶な方向に倒れ、あるいは一方向になぎ倒された樹幹の太さと量から、噴火の前には鬱蒼たる巨木からなる森林であったらしい様子や、場所によっては、巨大な岩石塊がばらまかれている砂礫地帯など、まったく非日常的な光景が広がっていた。

第12章　迅速な避難と溶岩冷却作戦——三宅島一九八三年噴火

噴火の第一報

三宅島噴火の第一報が私の研究室に入ったのは、噴火直後の午後三時過ぎだったと思う。当時は、三宅島へ行く方法は、特別な飛行機便を除くと、一日一回の東海汽船の夜行便しかなかったので、結局三宅島へ到着したのは、翌日の早朝五時過ぎであった。噴火は一九八三年一〇月三日一五時一五分にはじまり、一五時間続いて翌四日の朝六時には終わっていたので、私自身を含む、たいていの火山学者は夜行便の船で、噴火がほぼ終了した後に島に到着するという羽目になった。島に着いて、移動用のレンタカーを探すと、全部マスコミに抑えられてゼロであり、島内循環バスと歩きでとりあえず島北部の伊豆地区にある村役場と三宅支庁の対策本部に向かった。

火口の位置や噴火の概要を聞いてから現場に急行した。広くはない島内でも、歩きで移動するのはあまりにも非能率で困った。結局村役場の課長さんの私用車をお借りして助かった。村人の親切が身に染みた。しかしスポーツカー仕様の車高の低い車なので、スコリアが堆積しているところでは動きが取れなくなって往生した。二、三日後は、前回宿泊して顔見知りになった民宿の軽自動車を借りて使うようになった。今では日本全国、地方では、一人一台の勢いで普及している軽自動車だが、悪路には案外強い。世界に誇れる国民車だと思う。三宅島では、潮風による腐食が激しいので、たいていの車はどこかがさび付いている。私の借りた車は運転者側のドアがさび付いて開かないので、窓から乗降した。

スコリアによる被害が一番大きい、島の南東にある坪田集落に行くと、面白い現象に遭遇した。堆積したスコリアの表面のごく薄い層が雨の影響か何かの理由で固くなり、軽い軽自動車ならそのまま通過できるのだが、もっと重い車だと表面を突き破ってはまり込んでしまう。ケースハードニングと呼ばれる現象だ。

昔の三宅島

三宅島との付き合いは案外古くて、大学一年生の時、友達と二人で遊びに行ったことがある。その時は低気圧が近付いていて、八丈島から帰りの船が三宅島に寄港する予定がキャンセルになり、一週間島流しにあった。当時は汽船がつける岸壁がなく、「沖がかり」と言って、伝馬船で沖に停泊する船まで漕いでゆくのである。少し波が高いと、もう定期船は近寄れなくなり、島に閉じ込められる。当時、島には主だった集落が五つあり、風向きによって、そのどれかの集落の沖に船が寄る。風向きが頻繁に変わるので、直前までどの集落の沖に船が現れるか確定しない。船に乗る客はバスに乗って、刻々と伝えられる情報に従って、島の一周道路をぐるぐる回る仕組みであった。

帰りの船はわずか一八〇トンの「藤丸」で、積み荷の牛と同居に近い状態で、荒波にもまれ、畳敷きの狭い客室の隅から隅まで、船が傾くたびに、身体が滑っていくのを止めることができなかった。ひと昔もふた昔も前の、離れ島の厳しい生活の一端を体験したのであった。

噴火の推移

三宅島は一六四三年から二〇〇〇年までの三五七年間に一〇回噴火した。単純に割り算すると三六年に一回の噴火である。ただしこの中で二〇〇〇年の噴火だけは別格であって、数千年に一回というような、山体の構造を大きく変えるような性質の大事件であった。

一九八三年の噴火はそのような大事件ではなく、他の八回の噴火と同様、山体を斜めに横切る割れ目からの噴火であり（図12－1）、規模は二〇〇〇万トンくらいのマグマ噴出量であった。これは中規模の噴火と言える。

三宅島の歴史時代の噴火は、すべて玄武岩マグマの活動によるものだが、玄武岩の噴火の場合は、前兆としてかなり激しい地震が起きる場合と、前兆がほとんど感じられないうちに突然噴火する場合と両方がある。一九八三年の噴火は、やや後者の例に近く、噴火割れ目にもっとも近い集落の阿古で

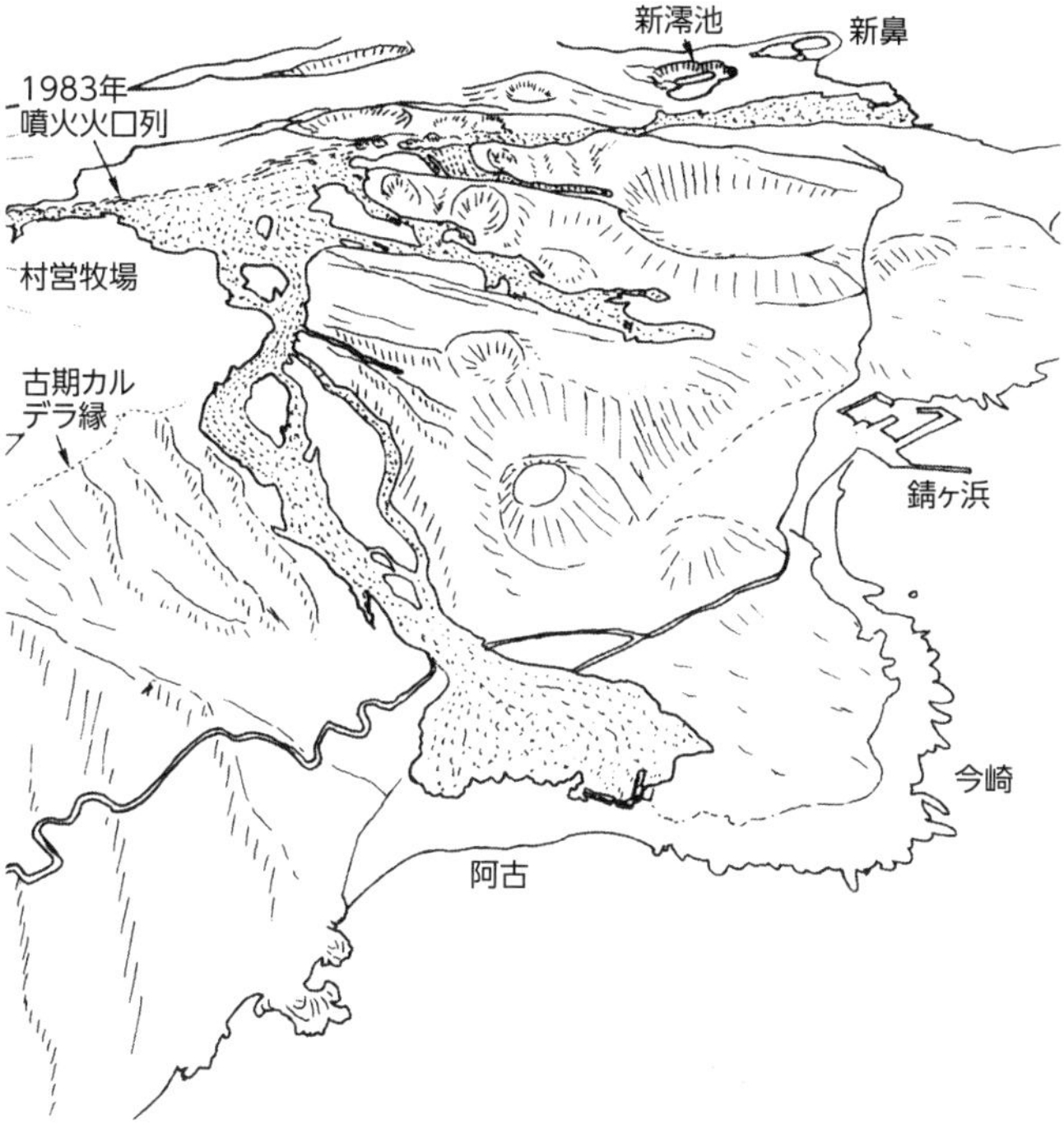

図 12-1　1983 年噴火後の三宅島南西部の地形鳥瞰図（日本火山学会編，1984）

は、一四時過ぎに地震が感じられていたが、島のそれ以外の場所では、噴火直前まで地震は感じられなかった。もちろん人体に感じられないような微小地震は噴火の前にはじまっていたのだが。

噴火は島の中央にある雄山山頂火口から南西方向に二㎞くらい離れた、五合目くらいの高さではじまった。村営牧場と呼ばれている、やや平坦な場所で、そこにあるテニスコートでテニスをしていた人々の話では、突然ジェット機のような音がしたので振り返ると、すぐそばで溶岩が噴水のように噴き上がっていた…ということであった。火口のすぐそばでも、噴火直前の前兆は感じられなかったらしい。

割れ目噴火であり、割れ目は北東と南西の方向に、毎分四〇mの速度で伸びていったが、二〇分後には、両方向ともいったん停止した。三〇分後に、南西側の割れ目だけが噴火を再開し、毎分三〇m弱の速度でさらに南西方向に伸長し、二時間後には割れ目の先端が海岸に達した。噴火の開始地点から二・八km離れたところである。一〇〇mの高さに溶岩噴泉が立ち上り、火のカーテンを形成するのが、三宅島の南二五kmにある御蔵島からも展望された。ちょうどこの噴火がはじまった頃、海上自衛隊の対潜哨戒機が訓練飛行で上空を通りかかり、写真とビデオを撮影していたので、それが噴火の解析に役立った。

割れ目火口の総延長は四km弱で、三日の真夜中には実質的には終息していたので、主要部分はほぼ九時間の活動継続であった。噴火開始直後の四〇分間がマグマの噴出率がもっとも大きく、毎秒一七〇〇トン以上になったが、これは歴史時代に観測された、世界的に見ても最大クラスの噴出率であった。そのためもあり、噴火開始から二時間一五分で、二・五km離れた阿古集落の入り口まで溶岩流が到達した。

阿古集落からの避難

阿古は三宅島最大の集落であり、噴火当時は、住居約五三〇戸、一三〇〇人の住民が集中していたが、溶岩流が阿古集落に向かっていることが明らかになった一五時五〇分には、避難勧告が出された。

噴火がはじまってから、三五分である。島の対策本部は、村営バスによる島民の避難を決定し、島の東側にある村営バスの車庫から一一台のバスが次々と出発して、一周道路を南回りで阿古に向かった。一六時一七分に最初のバスが阿古に到着し、その後次々とバスがやってきて、住民を乗せた最後のバスは一七時一五分に阿古を出発した。避難勧告が出されてから正味一時間二五分で、全住民が阿古から脱出したわけで、被害の及ばない、島の北部、伊豆地区へ避難していった。最後のバスが阿古集落を出発してからわずか一五分後には、溶岩流の先端が都道を横切り、阿古集落からの脱出路は完全に遮断されてしまった。

東京大学新聞研究所（当時）の報告書には、当時の避難行動の詳細が述べられているが、阿古集落の住民の約半分を避難させた村営バスの活躍が、特にくわしく書かれている（残りの半分は自家用車による避難）。

最後のバスの運転手の報告の一部を引用する。

「坪田地区辺りでは、スコリアや火山灰の降下が激しく、ライトをつけ、クラクションを鳴らしながら運転した」

「こぶし大の噴石が覆う都道を進むと、新澪《しんみょう》池の少し先のところで道路が水浸しになっており、非常な危険を感じていったん車を止めた。しかし、とにかくバスを阿古地区まで持って行かねばと思い、強行突破したのである。粟辺では、民家の五〇m位手前のところまで火山弾が降ってきて燃えていた。それまでは窓を開けていたのだが、猛烈な熱風に耐えられず閉めなければならなくなったほどである」

（東京大学新聞研究所「災害と情報」研究班、一九八五）

というきわどい状況であった。新澪池のそばで道路が水浸しになっていたのは、溶岩の噴出に伴って池の水も噴き上げられたためであったと思われる。

報告書のコメントでは、使える村営バスの全部を直ちに阿古地区の救援に発車させたこと、運転手の多くが阿古出身であり、仲間を救わなければという意識が高かったこと、阿古地区の道路などの様子を熟知して、すぐに一方通行などの処置が取れたことなど、多くの条件が有利に作用したという。実は、この三年後（一九八六年）に起きた伊豆大島噴火の際の避難作戦でも、同様な手際の良さが目立つのだが、日常から住民の大部分が顔見知りであり、意思の疎通がうまくいった例であることは疑いない。

残念なのは、このような島民を中心とした団結プレイは、現在再び噴火が起きても、実現されないだろうということである。島の過疎化に伴い、地元住民同士の密な連携は緩み、バスも台数が減り、非常災害時の対応は十分にはできなくなっているというのが、地元の方々の意見である。

溶岩冷却作戦

三宅島へ到着してから二日目の一〇月五日の夕刻、突然島の対策本部へ呼び出された。東京都の対策本部からの指示で、阿古集落の溶岩流へ放水して冷却を促進する作業をするようにとのことである。高温の溶岩に水をかけるというアイデアは、現地本部では最初驚きと困惑をもって迎えられた。そんなことをすれば、水蒸気爆発など、不測の事故が起きて危険ではないかという意見である。都からの指令では、現地にいるはずの東大地震研究所の荒牧に説明を受けろという。私にはピンときた。地震研の中村一明氏の発案で、噴火予知連絡会の会長の下鶴大輔教授も賛成であるという。この二人が国土庁、都庁、東京消防庁の対策本部を説得してOKを取ったというのだ。私にはこれだけの情報で十分だった。

一〇年前の一九七三年にアイスランドのヘイマエイ島で発生した噴火で、ゆっくり流下する溶岩流に大量の海水をかけて固化させ、重要な港湾が溶岩によって埋められてしまうのを食い止めたという事件は、火山学の世界では、当時有名な話題だった。中村氏はアイスランドを訪れて、その経過をくわしく調べており、私も彼からいろいろと話を聞いていた。

そこで、現地対策本部で、アイスランドの事例について、いろいろと説明した。三宅村の土木課長さんなどは、水蒸気爆発の危険性を強く警戒されていたが、アイスランドの経験では、溶岩に表面から水をかけても爆発は起きなかったこと、噴火が終わった後、まだ溶岩が高温を保っていた状態で、水冷式の通常のボーリングを行っても爆発は起きなかったことなどをくわしく説明した。傍で聞いていた報道記者の口の悪いのが、「これこそ焼け石に水というやつですな」と言い放った。夜になって、半信半疑ではあるが、皆一応納得し、翌朝から冷却作戦をはじめることになった。

作戦の主体は、東京から大型ヘリでやってきたレスキュー隊と呼ばれる消防隊員と地元の消防団によって構成され、総勢は時に一〇〇人以上に上ったらしい。レスキュー隊は特別救助隊とも呼ばれ、特にえりすぐりのエリート集団で、鮮やかなオレンジ色の制服を着ていた。阿古集落の大部分はすでに溶岩流によって埋められており、わずかに残った四〇軒足らずの家屋は海側にだけ残されていたので、放水作業は海浜側から行うような形になった。高いところを通っている都道から藪を切り開いて、一〇台以上の可搬型消火ポンプなどを、すべて人力で担ぎ下ろす作業は困難を極めたが、最大の難題は海水を吸い上げる太いホースを定位置に支えておく作業であった。波が高いため、放置しておくと、ホースが浜に打ち上げられてしまうので、結局隊員が一人胸まで海に浸かってホースを支えていなければならなかった。

肝心の溶岩流は、一見してほぼ運動を停止しており、その前面五〇〇mにわたって、焼け残りの民家に向き合っていた。厚さはせいぜい五mくらいのアア溶岩であるが、そのそばまで行くと、ものすごい放射熱に圧倒される感じであった。木造家屋から一〇m以上離れていても、溶岩からの放射熱で家屋が突然燃え上がる。いわゆるフラッシュオーバーと呼ばれる現象である。そのため、アア溶岩が家屋に直接接触する前に燃え上がってしまうので、溶岩の前面と焼け残りの家屋は、常に一〇mくらいの、開いた空間が保たれている状況であり、溶岩流が直接家屋を飲み込んで埋めるという光景は見られなかった。ハワイの溶岩のビデオでよくあるような、前進する溶岩が、直接家を飲み込むような光景は、溶岩流の速度がある程度大きくないと見られないようである。

一〇台くらいのポンプを溶岩流の前面に配置して放水するのだが、映像で見たアイスランドの放水作業に比べていかにも貧弱な水量であり、あまり威力があるようには見えなかった。それでも、足掛け三日間にわたって放水作業を続け、その間、私自身は、アドバイザーとして現地にとどまっていた。海水の総注水量は四七〇〇トンに上ったが、ヘイマエイ島の一五〇日間、六二〇万トンに比べれば誠に小規模な実験であった。

三日三晩、孤立した阿古集落の端にある保健所の出張所の建物を前線本部として、レスキュー隊員たちと過ごしたので、お互いに親密になり、強い仲間意識が芽生えた。肝心の成果、すなわち注水によって溶岩流の動きを止めることができたかどうか、については、私は懐疑的であり、「積極的に効果があったとは確認できない」という意見を申し述べたのだが、後の新聞やニュースでは、荒牧教授が「放水活動は大成功だった」と述べたと報道された。

第13章　全島避難の島で――伊豆大島一九八六年噴火

日本の活火山

日本には活火山が一一一個ある。これは気象庁が公式に発表した数である。しかし、へそ曲がりな火山学者の少なからずが、こんな数は大した意味がないと思っている。こういうへそ曲がりな学者どもは、まず「お役所」が決めたことには本能的に反発する傾向があるし、マスコミが一一一個などという数字を大げさに持って回ることに不快感を抱くのである。

一一一個の火山のうち、一一個はいわゆる北方領土、択捉・国後の二島にある火山である。日本政府は日本の領土であると主張し、そこを実効支配しているロシアは自国の領土であり、日本の領土ではないと主張している。したがって日本人が自分勝手に訪問して、火山学的調査が自由にできる活火山は、合計一〇〇個しかないということになる。

別の問題もある。活火山の定義そのものについてである。お役所＝気象庁の公式定義では、以下のようである。

「活火山」の定義と活火山数の変遷

…火山の活動の寿命は長く、数百年程度の休止期間はほんのつかの間の眠りでしかないということから、噴火記録のある火山や今後噴火する可能性がある火山を全て「活火山」と分類する考え方が一九五〇年代から国際的に広まり、一九六〇年代からは気象庁も噴火の記録のある火山をすべて活火山と呼ぶことにしました。一九七五（昭和五〇）年には火山噴火予知連絡会が「噴火の記録のある火山及び現在活発な噴気活動のある火山」を活火山と定義して七七火山を選定しました。

この七七火山は主として噴火記録がある火山が選ばれていましたが、噴火記録の有無は人為的な要素に左右される一方、歴史記録がなくても火山噴出物の調査から比較的新しい噴火の証拠が見出されることも多くなり、一九九一（平成三）年には、火山噴火予知連絡会が活火山を「過去およそ二〇〇〇年以内に噴火した火山及び現在活発な噴気活動のある火山」と定め、八三火山を選定し、その後一九九六（平成八）年にはさらに三火山が追加され、活火山の数は八六となりました。

しかし、数千年にわたって活動を休止した後に活動を再開した事例もあり、近年の火山学の発展に伴い過去一万年間の噴火履歴で活火山を定義するのが適当であるとの認識が国際的にも一般的になりつつあることから、二〇〇三（平成一五）年に火山噴火予知連絡会は「概ね過去一万年以内に噴火した火山及び現在活発な噴気活動のある火山」を活火山と定義し直しました。当初、活火山の数は一〇八でしたが、二〇一一（平成二三）年六月に二火山、二〇一七（平成二九）年六月に一火山が新たに選定され、活火山の数は現在一一一となっています。

（気象庁ホームページから転載）

気象庁は国の役所であるが、火山に関しては情報提供を主要な役割の一つとしている。上記ホームページの内容は、最近の気象庁の傾向をよく表しているが、素人にもわかりやすい解説だと言える。私を含む高齢者の間では、火山は「活火山」、「休火山」、「死火山」の三種類に分類されるというように学校で教えられてきた。ところが、現在、世界中の火山学の教科書のどれを見ても、休火山という言葉の定義が見当たらないのである。その理由は、休火山を学術的に正確に定義することが難しいからであると考えられる。「現在は噴火していないが、過去に噴火の記録がある火山を休火山と呼ぶ」という定義は適切であるように思われるが、「噴火の記録」は、実際には国ごと、地域ごとに大きく違うことが問題である。書物に書かれた噴火の記録は、火山学発祥の地イタリアでは二〇〇〇年前から、日本でも一〇〇〇年以上前から残っているが、アメリカなどでは四〇〇年前からしか存在しない。他の「途上国」も似たようなものである。噴火記録の期間が、場所によってこんなに大きく違うのでは科学的な定義には使えない。そこで不本意ながら、休火山という言葉は使わないことになったのだと理解される。

それでも、自然現象を観測監視する官庁である気象庁としては、漠然と日本全部の火山を監視するわけにはゆかないので、何らかの区切りを定義する必要に迫られる。そこで、気象庁は一九九一年に噴火予知連絡会へ「活火山」の定義を諮問した。この議論には私も参加したのでよく覚えているが、活火山の定義には、何らかの年代で区切る必要があることは明らかだった。結局二〇〇〇年前からとしたが、日本の古文書・古記録の上限がそのくらいだという認識があった。一方、火山学が進歩しているヨーロッパ先進地では、自国には活火山がほとんどない国が多い。そのような国の火山学者は、研究対象をより多くとるために、活火山の年代をなるべく古くまでさかのぼるようにしたいという傾向がある。また、インドネシアやフィリピンのような後発国は、監視すべき活火山の数が多すぎて、彼らが植民地化された数百年前までさかのぼるだけでも対応に精いっぱいという状況である。このような情勢を横目で見ながら、日本としては二〇〇〇年前くらいが適当ではないかと感じたのである。

しかし、二〇〇三年の気象庁の再諮問では、よりさかのぼって一万年前までを活火山と定義することに変更されて、現在に至っている。将来火山学がさらに進歩すると、限界の年齢は一万年よりもさらに増大するのであろうか？

脱線のついでに述べたいのは、一万年で限るという定義は明らかに人為的だという点である。自然現象としての火山活動が一万年前を境にして質的、量的に変わったというのではもちろんない。人間社会の勝手な都合で決めた目安であって、自然科学者としてはあまり居心地のよい話ではないということだ。

火山の一生

火山にも一生の長さというものがある。火山は新しく生まれて、成長し、やがては死滅するという考えである。人間の一生と同じと考えても差し支えないようである。日本列島の火山の多くは数万年から数十万年くらいの寿命がある。数万年という長さは、人間の生涯と比較すれば大変長く感じられるが、たとえば地球の年齢四六億年に比べればきわめて短い。火山の活動は、地下にあるマグマだまりから供給されるマグマの噴出によって引き起こされるから、その供給源であるマグマだまりの一生が数万年から数十万年の長さであろうという理解にも、おそらくなるのだろう。

もちろん火山の種類によって、一生の長さも系統的に長短があるようである。「単成火山」と呼ばれる火山、たとえば、伊豆半島の大室山、箱根の双子山、北海道有珠山の昭和新山などは、わずか一回の噴火で生じた火山であると言われる。一回の噴火と言っても、必ずしも一日や一週間で噴火が終わるのではなく、長い時は一年、あるいは一〇年も続く場合がある。しかし単発的な噴火が、何回かひとしきり続いて、その後活動が途絶えてしまうと、一輪廻の噴火活動は終わったと理解される。その後噴火の起きない時期が数年あるいは数十年以上続く場合がある。いや、それ以上、数百年、数千年も噴火しない場合もあるかもしれないが、そのような、一回だけ（一輪廻だけ）の噴火で生じた火山は「単成火山」であると定義される。

一方、桜島や浅間山のように、毎年、あるいは数年、あるいは数十年に一回の割合で噴火を繰り返す火山もある。噴火はほぼ固定された噴火口から繰り返し起こる。このような火山を「複成火山」と呼ぶ。ここで注意しなければならないのは、「複式火山」という語は別だということである。「複式火山」とは、外輪山があり、その内側に中央火口丘があるような、二重（あるいは多重）の構造（あるいは地形）を示す火山のことである。「複成火山」とは同じ火口から何回も噴火を繰り返す火山という意味である。

伊豆大島火山の成長史

伊豆大島は「複式火山」である。数万年前から活動をはじめたらしいが、山体の主要部分は、北西―南東方向にやや伸びた、緩傾斜の成層火山である（図13-1、写真13-1）。噴出したマグマはほとんどが、玄武岩質であり、その点、日本列島の多くの火山が安山岩質、ないしデイサイト質〜流紋岩質マグマの噴出によって形成されるのとは対照的である。主山体の斜面には数多くの小型の側火山があり、それらは北北西―南南東方向に伸びる複数の割れ目火口からの噴火によって生じた。

約一七〇〇年前と一五〇〇年前には、特別に大規模な噴火が起こり、爆発的な活動に伴って、山頂部にカルデラが生じた。この噴火は、浅いところに滞留する地下水にマグマが接触して起きる「水蒸気爆発」の要素が強く、大爆発に伴って山体の一部が吹き飛ばされ、岩塊が一団となって山体斜面を

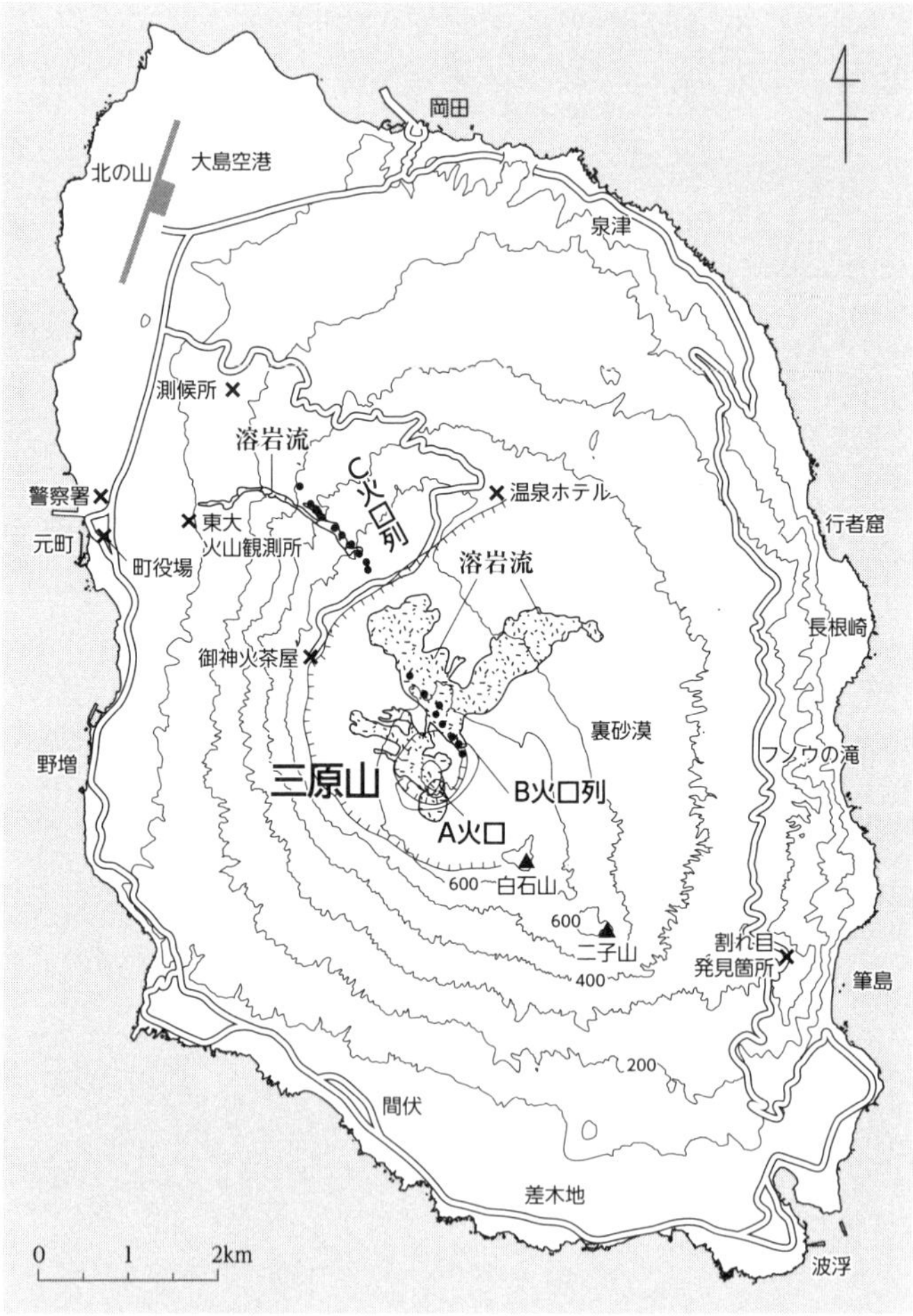

図 13-1　伊豆大島の地図

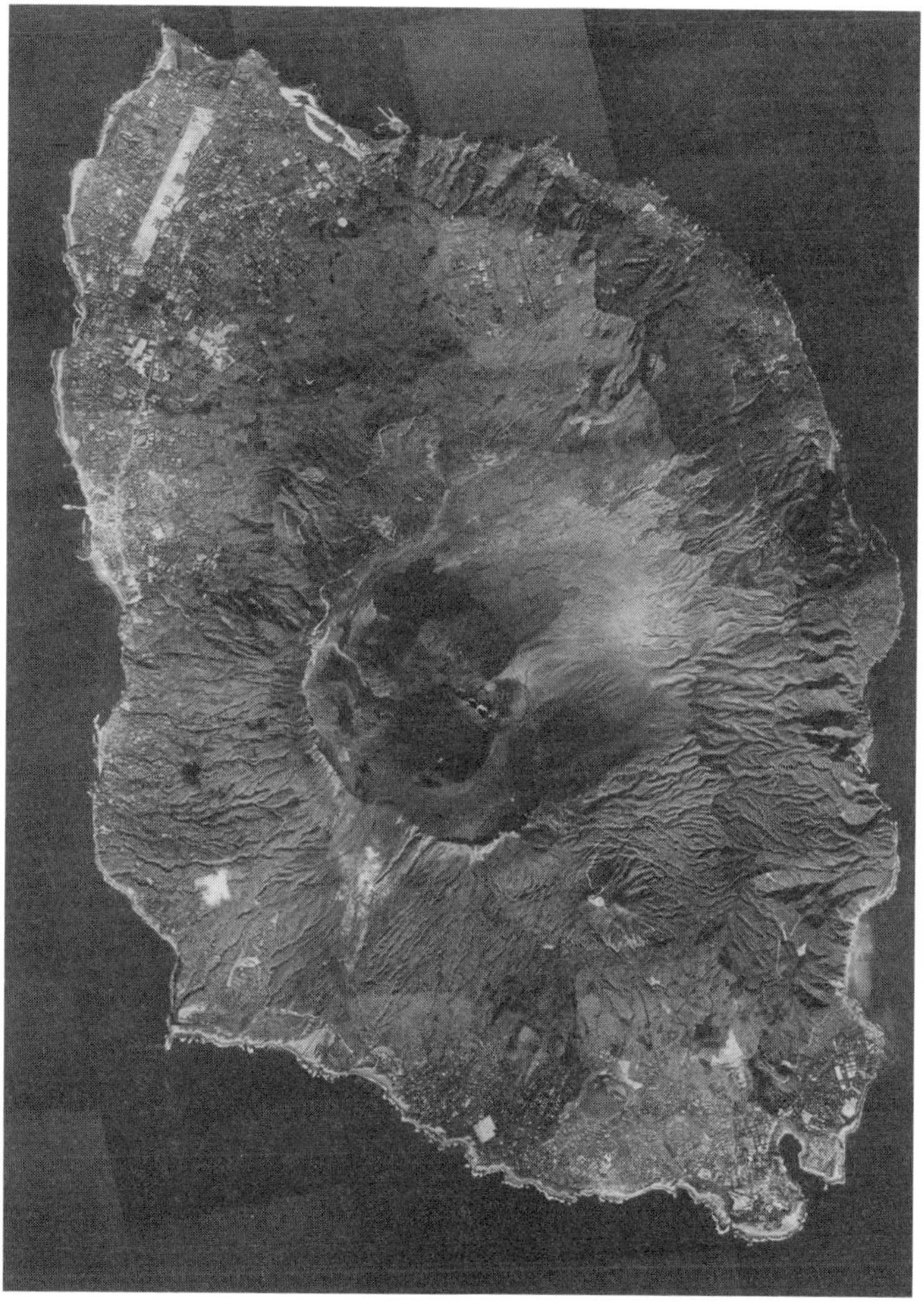

写真 13-1　伊豆大島の航空写真（1986 年 12 月，提供：株式会社パスコ）

大量になだれ下るという、特別な現象を引き起こしたと考えられる。それに伴って、あるいは並行して大規模な陥没が起きて、カルデラを生じたのである。その後も、多数回の中・小規模の噴火が繰り返されたが、多くはあまり爆発的ではない溶岩流の流下やストロンボリ式噴火による火砕丘の形成で特徴付けられた。

一九八六年の噴火

一九八六年の噴火はあまり激しくなく、一見平穏な活動ではじまった。伊豆大島カルデラの中にある中央火口丘、三原山の山頂火口から、ストロンボリ式の噴火が一一月一五日にはじまり、約一週間続いた。ストロンボリ式噴火とは、火口から数秒ないし数分の間隔で、マグマのしぶきや固結した火山岩塊が爆発的に放出される様式の活動である。半固結状態で火口から飛び出した岩塊は、空中を飛行する短い時間の間に、相当程度固結して、地表に衝突するまでに紡錘形（さつまいもの形）や紐状、球状その他いろいろな外形を整える。これらを火山弾と呼ぶが、形によって、紡錘状火山弾、リボン状火山弾、球状火山弾などと呼ばれる。これらが火口の周りに積み重なって、円錐形の火山体が形成される。火砕丘と呼ばれるものである。成層火山と呼ばれる、同じく円錐形の火山体とは異なって、山体の高さに比べて、火口の直径が大きいことが特徴である。同時に溶岩が流出することがあるが、密度が大きいため、火砕丘の山頂火口からは流出せず、丘の底部から流出することが多い。

一九八六年の噴火は一二年ぶりの噴火であり、大島の住民、特に旅館・ホテルなど観光業関係の人々は大喜びであった。久しく「ご神火」が途絶えていて、観光客が減っていたところだったので、噴火がはじまったことは救いの神のように歓迎された。確かに観光客は増加したが、継続するストロンボリ式噴火活動のため、三原山に登ることは禁止され、一般客はカルデラ縁の御神火茶屋から遠望するだけに制限されていた。

われわれ火山観測班は特別に許可され、いわゆる表砂漠と呼ばれる一九五〇～五一年の溶岩流のわきを歩いて、三原山に登って、広い火口を埋め尽くした新しい溶岩原に達して、流れ出す溶岩をつついたり、飛来する火山弾や火山灰のサンプルを採集したりした。一九六三年のハワイのキラウエア火山の噴火の際の経験を思い出しながら、同じ玄武岩の溶岩ではあるが、伊豆大島とハワイの火山の溶岩の微妙な違いなどを、同行した若い同僚や学生に指摘したりして、大いに緊張してはいたが、一方では、研究にはまたとない機会を逃すまいとしていたのであった。

三原山は基底の直径の割には高さが低い、平たい火砕丘であり、その火口は直径八〇〇mくらいあるが、そのやや南側に偏って直径三〇〇m、深さが二〇〇mくらいある円筒形の深い穴が開いている。この穴は、一九五〇～五一年の噴火の際生じたピットクレーターであるが、その火口の縁辺りから、数十秒から数分くらいの間隔で小規模な爆発が起き、マグマのしぶきや火山弾を投出している。ストロンボリ式噴火である。この噴火口は、その後に活動を開始した、B、C割れ目火口列と区別するために、A火口と呼ばれるようになった。

弾道を描いて落下する火山弾の到達距離からは十分離れたところで作業をするのだが、もっと細粒の破片が風下にいるとさかんに降りかかってくる。直径一～二cm以下の軽い粒子なので、頭に当たっても怪我はしない。いや厳密に言うと軽い怪我を負う場合があるのだが、痛くはない。ヘルメットに当たる音は、ガサガサとコツンコツンの混合であるが、破片を手にとってよく見ると、極端に発泡した、ガサガサの溶岩のかけらである。

ルーペ（虫眼鏡）で見ると、引き伸ばされて薄くなったガラス片の集合である。噴出するマグマには相当量のガス成分（その大部分はH_2O）が含まれているが、地表に噴出する際に発泡して急冷される。そのために液体であるマグマの主体は結晶化する暇がなく、ガラスとなって固化する。ガラスの破片の縁はするどい刃のようになっていて、人間の皮膚は簡単に切れて血が出る。しかし、少しも痛みを感じないので、手の甲などが血で真っ赤になってはじめて気が付くのである。この皮膚の傷は、軍手と眼鏡やゴーグルがあれば完全に防げるわけだが、未経験の人が現場に入ると、いつの間にか自分の両手が血だらけになっているのに気が付いてびっくりする。フィールドワークをするには、このような細かいノウハウが大切になる。と同時に、危険を顧みず「勇敢に」危地に飛び込むというような行動は絶対にするべきではない。行動をするというよりは、そのような心理状態になること自体、絶対に避けるべきことである。

このような細粒の岩片やスコリア塊が風下に降ってくる様子を遠方から見ると、強い夕立の雨脚のように見える。その状景がテレビによって生中継され、全国に放映された。テレビカメラは御神火茶屋からカルデラ内に入ることが許されないので、きわめて強力な望遠レンズを使って、雨脚のように降りかかる火山灰やスコリアと、われわれ観測班の連中を一つの画面に収めたらしい。遠くから見ると、噴出物が降りしきる、すさまじく危険な状況でわれわれ研究者が作業をしているように見えただろう（実際はそうではないのだが）。

そのそばには私が借りていたレンタカー、たまたま真っ赤な色だったのでひどく目立つ車が映っていたらしい。その車は、一般人立ち入り禁止区域の中に駐車してあり、噴出物が雨あられと降りかかっている場所にあるように見えた。噴火が収まった後、私の代わりにレンタカーを返却しに行った東京大学地震研究所の所員は、契約に違反して車に損傷を与えるような場所へ乗り入れたことに関して厳重に抗議された。借りた当人（私）は噴火の現場にいて、そのような経緯はまったく知らず、ずっと後になって、事件のしりぬぐいをさせられた人物から顚末を聞かされて仰天した。実はその人物は、私の同僚であり、後輩である研究者で、元噴火予知連絡会会長の藤井敏嗣名誉教授その人である。噴火という、一種の非常事態になると、火山研究者は、どうしても「我を忘れた」状態になって現場に飛んでゆき、周囲の事情など、ろくに目に入らず、ひたすら噴火現象の観察や情報収集に心を奪われるという状況を表すエピソードとも言える。

B火口列の割れ目噴火

噴火開始から一週間経った、一一月二一日の午前中は、A火口の活動が鈍化して来たため、東大地震研究所の伊豆大島火山観測所の空気もさほど切迫したものではなかった。しかし午後になり、カルデラ北部に地震が群発しはじめたり、三原山新山の外側斜面に割れ目らしきものがあるとの通報が入るなど、緊迫した雰囲気となった。私は気象庁火山室からの要請を受け、東京から飛来した海上保安庁のヘリコプターに便乗して、Ａ火口を中心に、割れ目の存在を確かめるための目視観測飛行を行った。

幸いＡ火口周辺に新たな割れ目は発見されなかったので、ひと安心して三原山の南側から、カルデラの東側へ抜けようとしていた。すると左手のカルデラ底に白煙と黒煙の混ったものが立ち昇っており、その根元の近くに焔のようなものがチラチラしているのが目にとび込んできた。「割れ目噴火だ！」と心の中で自分に言って聞かせると同時に、何とか早く地上に知らせねばと考えた。ヘリコプターに同乗している火山の専門家は、他に気象庁火山室の安藤邦彦氏だけであったので、安藤氏と協力して、観察と通報をできるだけ詳細に、また迅速に遂行することにした。もちろんパイロットには燃料の続く限り上空に留ってもらうよう要請し、通信士を通じて状況を火山室に通報しようと努力した。

気象庁の火山室は噴火予知連絡会の事務局としての機能を果たしており、重要な情報は第一に通報されるべきところである。私は機内通信装置を使って「割れ目火口が開き、溶岩噴泉が噴き上がっている…」などと、観察したことを通信士を通じて、くわしく報告し続けたつもりであったが、事件の後、火山室に残された通信記録によると、私が「噴泉が…」と叫んだのが、「噴煙が…」と記録されていたそうである。「噴泉」という言葉は特殊な学術用語であって、火山学の心得のある人以外には、

写真 13-2　伊豆大島 1986 年噴火 B 火口列の溶岩噴泉（阿部勝征氏撮影）

「噴煙」と聞こえても無理はないことであり、平常心を失っていた私のあやまちであった。一事が万事、騒がしい環境の緊急の事態では、皆が興奮状態にあり、意思の疎通が必ずしも十分に行われない事例の一つとも言えるだろう。

割れ目は南へ伸長していき、ハワイなどで「火のカーテン」と呼ばれている、連続した溶岩噴泉が展開していた（写真13-2）。事後に命名されたB火口列である。噴泉の高さは見る間に高くなっていった。パイロットに尋ねると、ヘリコプターの高度は三〇〇〇フィート強（九〇〇m強）だという。カルデラ床の海抜は約五〇〇mであるから、ちょうどヘリコプターから見ている目の高さは地表から正味四〇〇mくらいであり、溶岩噴泉の高さはそれよりも高いことは確かである。

これまで正確に観測された噴泉の高さの最高記録は、一九五九年キラウエア・イキ火口の噴火の際の一九〇〇フィート（五七〇ｍ）である。今眼前にある噴泉はそれよりもはるかに高く見える。噴煙はさらに高く、数千メートル上空まで立ち昇っているようだ。日頃火山学の講義で、「溶岩噴泉は高くてもせいぜい四〇〇〜五〇〇ｍしか昇らないものだ」と教えていたことを思い出し、目の前の巨大な噴泉を、ヘリコプターの中でいくらか困惑に似た感情で、見とれていた自分をはっきり覚えている。

実際には、その後の調査で、この時のマグマの組成は玄武岩質ではなく、より鉄に富んだ、やや安山岩質のものであることがわかった。おそらくそのため、爆発性により富んだ噴泉の活動となったのだろうと思われる。さらに後になって、割れ目噴火の全貌が明らかになり、学術雑誌に論文が次々と発表されるようになった時点では、Ｂ火口列の噴火は、単純に溶岩噴泉と言って片付けられるものではなく、サブプリニー式と定義されるようなスコリアの噴出（上空へ放出され、それが風下へ流されて遠方まで降下する）と堆積という、ハワイ式の噴火では普通見られないような噴火様式が主体であり、溶岩噴泉はおまけのようなものであったことが明らかになった。しかし、噴火開始後二、三分しか経たない当時、上空のヘリコプターに乗っていた私には、それまで火山学の講義で述べてきたこととの矛盾に気が付いて、その困惑を記憶しようというところまでしか気が回らなかったのだった。

噴火割れ目は、南の方向へ、一部雁行しながら次々に伸長するだけで、北側には伸びる気配を見せないことがだんだんわかってきた。もし、北へ伸びてカルデラ縁を横断するようになると、有料登山道路が遮断され、御神火茶屋地域にいる人たちは退路を絶たれることになる。このことを気にしながらカルデラ北縁の上空を飛んでみると、御神火茶屋方向からどんどん車が降りて来るのが見えた。危険に気付いて避難を開始したのは明らかであった。これでひと安心と思っているところに、地上の管制から、大島空港は一七時で閉鎖するから、ヘリは直接東京へ帰るようにと通告がある。これに驚いて、空港の閉鎖の延期を強く要請し、一七時過ぎに何とか島の北側にある大島空港に、私一人降ろしてもらった。ヘリは安藤氏をのせて直ちに東京へ向かった。

大島空港一帯は停電となっていて、真っ暗で人が誰もいない。地震がひんぱんに起こっており、辺りは騒音に満ちていた。火口列を直接見ることはできなかったが、「バーン」と「ゴーッ」の混合したような音が波打って聞こえる。地震は「ズン」と下から突き上げるような感じがまずあり、次に「ドーン」ときて、建物がガラガラ、ガタガタと強く揺れる。震度五は確かにある。日はとっぷり暮れてしまい、付近一帯が停電で、真っ暗であるにもかかわらず、空港の航路標識灯だけは、別の電源であるらしく、明るく白と青の光を回転させているのが印象的であった。公衆電話も発信音が途絶しており、連絡のしようがない（当時は、今誰もが使っているような、小型で便利な携帯電話というものはなかった）。

しばらく待ってやっと通りがかった車を停めて、便乗をたのむと、元町の警察までしか行かないと言う。それでもよいと頼んでやっと大島警察署までたどりついた。様子を聞こうと顔を出すと、署長室に招じ入れられた。ここ数日間、規制区域内への立ち入り許可をもらうため日参していたので、落合署長、須田次長両氏とすでに顔見知りである。とりあえずヘリコプターからの観察などを知らせる。

署内はもちろん、蜂の巣をつついたような騒ぎである。あちこちで声高に電話をかけ、ヘルメットをかぶった警察官が駆けまわっている。

署の屋上にはすでに地質調査所の曽屋龍典、鎌田浩毅、中野俊の三氏がいて、噴火状況の観測をしていた。電話線が回復したので気象庁火山室にかけるが、話し中である。元町の海岸から八〇〇mほど山寄りにある地震研の大島火山観測所には通じて、全員無事であるらしいことがわかった。所長の渡辺秀文氏が、落着いた口調で、状況を説明してくれる。例のカルデラ北部の群発地震が気になって、カルデラ北縁の温泉ホテルに設置してある自記傾斜計の記録を見に行ったところで、噴火に遭遇したとのこと。噴火当時、噴出物班や測地班の研究者が二〇名くらい、カルデラ内やその近辺にいたことを知り、その安否がわからず、皆で気をもんでいたが、その後全員無事であることがわかった。

C火口列

曽屋氏と相談して、地震研の火山観測所へ連絡に行こうとしていると、屋上から「カルデラ壁を越えて、外輪山の北側斜面で噴火がはじまった」との知らせが入る。屋上にかけ登ってみると、一層大きくなった爆発音とともに、より左手の方に新しい火柱が立っているのが、その根元まで手にとるように見える。それまでは、元町から見上げると、カルデラの縁にさえぎられて、B火口列の根元を見ることができなかったのと比べて、新しく生じた「C火口列」はずいぶん間近に感じられた。

C火口列の活動開始時刻は、記録によると一七時四六分頃である。署長さんの御好意で署長室の応接セットを占領して、地形図上での分析をはじめる。交互に屋上で観測した者が降りてきて、外側割れ目の位置や長さについて皆で議論をする。カルデラ内のB火口列の位置は、ヘリコプターからの観察で大体押さえてあるので、その延長だとすると、登山道路のやや西側を、北西方向に伸びていくはずである。大島測候所がほぼその延長線上にある。実はこの時、測候所の職員は、東京の気象庁本庁からの指令に従って、測候所の建物を捨てて、より安全と思われる飛行場方向へ向けて避難を開始していた。私たち東大の火山観測所は元町にあるので、割れ目の延長線からは、かなり西にずれた位置にあり、安全であるように見える。

しかし待てよ、もし溶岩流が流下するとしたらどうなるだろう。溶岩流は、重力に従い、地表面の最大傾斜の方向を忠実にたどって流下する。一瞬私たちの頭に、三年前の三宅島の噴火の際の溶岩流による災害の記憶がよみがえった。一九八三年の三宅島の噴火は、立ち上がりがきわめて急であり、最初の二時間は平均毎秒一七〇〇トン以上という、非常に高い噴出率を記録した。その結果、噴火開始からわずか二時間一五分で、溶岩流の先端が阿古の集落に到達し、結局四三〇戸が焼失し、溶岩流の下に埋没してしまったのである。元町北部地域には地震研の火山観測所、警察署、大島支庁などが含まれるが、ここを通過する沢（といっても常時は水のない空沢であるが）の上流部は、まさにわれわれが推定しつつある噴火割れ目の位置を通っている。

C火口列の活動がますます活発になるにつれ、赤熱した溶岩を絶え間なく噴き上げる噴泉は、まぶしいくらいに明るくなり、暗夜を焦がすようであった。強い地震はまだ続いており、署長室のトロフィーなど倒れやすいものは、全部棚から降して床やソファーの上に寝かせるという騒ぎになった。明らかに震度五の地震が何回も起きているのだが、噴火後に、気象庁に問い合わせると、当時はすでに測候所から撤退していたので、震度の観測記録は残っていないとのことであった。また、一一月一五日の噴火開始以来、爆発的活動を続けていたA火口は、一一月二一日午前には静かになっていたのだが、一六時一五分に開始されたB火口の活動後約三〇分遅れて、本格的な活動を再開していた。したがって、一九時を過ぎた頃はA、B、Cの各火口および火口列から、次々と花火のように噴泉が上がり、大音響が聞こえて、居合わせたものにある種の動物的な恐怖を与えるような状況になっていた。この頃から、岡田、泉津、北の山などの地区の住民に避難命令が発せられ、一般の島民は、とりあえず着のみ着のままで、岡田港や元町港の方向へ集まりつつあった。

しかし、当時の私たちには、そのような状勢はほとんどわからず、その代り、観測所と電話連絡をとりつづけ、地図に記入し、時々、落合署長をはじめ署員の人たちに情報を流し、質問に答え、請われるままに、噴火の状勢についての現状認識、判断、予測等に関する意見を述べるということを行っていた。また、火山観測所から下鶴大輔、遠藤邦彦（日本大学）両氏も連絡のため警察署に移ってこられた。避難命令のため、火山観測所に詰めていた二〇名を越える研究者たちも、その後大部分が撤退を余儀なくされ、ジープやワゴンなどに分乗して観測所を離れていくことになった。最終的には、観測所には渡辺所長と笹井洋一（東大地震研）、千葉達朗（日本大学）の三氏がふみとどまることになった。このうち、千葉氏は観測所の三階にある展望台に陣取って、逐次状況を電話で伝えてくれた。

全大島の避難誘導の中枢となった大島署の内部の騒がしさは、さらに一段と激しくなった。私たちと千葉氏はそれぞれ同種の二万五千分の一の地形図を持ち、火口の位置を確かめ合いながら、書き込んでいった。

一八時過ぎ、C火口列から溶岩流が流れ出しているのが明らかとなり、私たちはその位置を正確に知ろうと必死になっていた。暇を見て屋上に上り、遠望したが、大音響を上げて噴き上げる赤色の噴泉の横に、少し離れて、二カ所、静止した白い点が見えた。ちょうど水銀灯のような色であり、赤橙色の噴泉とは光の色合いが明らかに異なっていた。高倍率の双眼鏡を借りて覗くと、緑色の巨大な焔が猛烈な勢いで立ち昇っている。ここで閃めいたのは、大学時代、化学実験で教わった、銅イオンの焔色反応の色である。思わずそばの同僚の肩を叩いて「あれは銅イオンの色にちがいない」と叫んだものである。この巨大な緑色の焔の実態は未だに不明であるが、後日、B、C火口列で発見された昇華物中には、Cuを主成分とする化合物が相当量発見されたという（東京工業大学平林順一氏談話）。

噴火の最盛期

一八時半から一九時にかけて、元町から見た限りでの噴火状況は最盛期に達していた。観測所の渡辺・千葉両氏や気象庁火山室の小宮学氏らと電話連絡をとり合い、地図上にプロットし、屋上に登って噴泉を望見していると、自分自身はつとめて冷静になろうとしているのだが、「この後、どのくらい噴火の規模は増大するのだろうか…」という強い不安が心をよぎる。ほとんど恐怖心と言ってよい。

赤橙色の噴泉は、ひどく大きく、近く見える。ゴウゴウという基調音にのせて、樹木の燃えるバリバリという音が聞こえる。幸い山火事は大きくない。観測所では、千葉氏が、溶岩流の位置と進行方向を知ろうとして悪戦苦闘している。

噴火後ずいぶん経ってから、はじめて当時全国に放映されたテレビの実況画面をビデオ録画で見たが、私自身の記憶と比べて、迫力があまりないので、拍子抜けの感じがした。ヘリからの遠方撮影のためであろうが、実体験の強烈な緊張感、締め付けられるような恐怖感は現場でしか体験できないものであった。

一般島民の不安と恐怖は大変大きなものだったと思う。警察署のすぐそばの交差点には、島中でも数少ない、交通信号機があり、平常時と変わらず、自動的に緑、黄、赤の信号の点滅を繰り返しているのだが、通行する自動車は、信号など無視して一切止まらず、スピードを上げて走ってゆく。広くもない道路を時速三〇㎞以上で走るのは危険なのだが、それよりもはるかに速いスピードだ。「噴火で火山弾に当たって死ぬよりも、自動車にひき殺される確率の方が高いな…」と思うと、何となくおかしく感じた。

半分は後からの感想であるが、この時、修羅場の経験の有無が、その後の危機対応能力に大きく影響することを痛感させられた。これまでに経験したことがない事象が目の前に展開すると、本人の平常心が失われて、心身の平静が失われることになる。一回でも、以前に経験したことのある事象が起きる場合には、その記憶が呼び出され、次に展開する事象がある程度予想可能となり、心の平静はあまり乱されず、恐怖に至る自己喪失状態は避けられるのだと思われる。

私自身、特別に豪快で冷静沈着な性格であるとは思わないが、二三年前に体験したキラウエア火山アラエ火口の噴火事象などが、すぐに思い出され、眼前に展開する現象と比較する余裕が生まれたのだった。アラエ噴火と今回の大島噴火の現象のおおまかな類似点や細かい点での相違などを、火山研究者として、半ば無意識に考えている自身を当時意識していたのを覚えている。そのような記憶を持たない一般人は、強烈な火炎が吹き上がるような溶岩噴泉を視野いっぱいに受け、強大な爆発音で聴覚が飽和するような状態になると、心の平静が失われ、恐怖・パニックに陥ることは十分に推察されることである。

その後、ずっと経って、噴火一〇周年記念式典の後の懇親会に出席した際には、噴火当時、現場で対応に駆け回った警察官や防災担当者の人々と思い出話をして、懐かしく思ったのだが、すっかり「おじさん」の年配になった当時のお巡りさんたちが、口々に、「あの時は本当に怖かったですね！」というのを聞いて、一瞬面食らったものである。パトカーの助手席に私を乗せた若い警察官が、道端の標識に気付かず、勢いよくそれを跳ね飛ばしても、眼もくれずに猛スピードで飛ばしていったことや、並んで立って、溶岩噴泉の様子を見ている警察官の膝頭ががくがく震えているのに気が付いて、びっくりし、内心おかしくもなったことなどが、懐かしく思い出された。ことは、経験したことがあるのか、ないのか…だけの問題なのである。

さて、どう見ても溶岩流は私たちがいる元町北部地域に向かっているようなので、署内でも万一の時を考えて、撤退作戦の準備の話がはじまっていた。私がもっともおそれていたことは、C火口列に並行して、その西側にもう一本、割れ目火口が生じることだった。中村一明氏によってY5と名付けられた火口列が、一三三八年の噴火の際にその辺りに生じ、溶岩流は現在の元町地域の大部分を覆い、海岸に達したのだ。幸いにも今回はこのような事態には至らなかった。

峠を越す？

一九時三〇分頃、「向かって右側（南端）の火口でコーンビルディング（cone building）がはじまっているようだ」との一報が入る。署の屋上からも、C火口列最南端で、ストロンボリ式に近い様式の爆発が起きているのが見え、着地した火山弾の赤い点の分布から、コーンすなわち火砕丘として、円錐状のスパター丘（spatter cone）またはスコリア丘（scoria cone）の輪郭が見えているようだ。噴火の減衰の最初の兆しであった。もちろん、C火口群の北部はこれまでにも増して活発であり、溶岩流は前進を続けていた。この時、千葉氏と二人で、「もしかしたら噴火は峠を越しつつあるか…」という判断を、互いに確認し合ったことを鮮明に憶えている。

このような状況下では、危機管理のプロである警察官には、どんな些細なことでも伝えておいた方がよいと考えたので、署長・次長両氏にこのことを説明した。傍で見ているとよくわかるのだが、指揮をとる立場にある人は、状勢の展開に備えて予め手を打っておく必要がある。「もしかするとこれから噴火の勢いが衰えるかも知れない…」という、きわめて不確かな情報（あるいは予断）でも、選択肢の一つとして活用されるだろうとの考えであった。

一九時過ぎ、元町から最初の船が住民を乗せて脱出した。また、野増、間伏、差木地等の地区に次々と避難命令が発せられた。一九時五〇分頃、C火口列南部の活動が低下しているのがだんだんはっきり見えて来た。署長室内にはじめて一種のゆとりが生まれた。重要なポイントとして、岡田と元町を結ぶもっとも主要な道路が切断される危険度は減少しつつあった。急に空腹を感じた。溶岩流が元町地区に流れ込む危険性は依然高かったが、その噴出源が下火になることは大きな安心材料であった。二〇時を過ぎると、C火口列の活動が収まりつつあるのは誰の目にも明らかであった。ただB火口列は未だに活発であった。

その後、千葉・曽屋両氏らは観測所から上流に当たる火葬場まで様子を見に行き、溶岩流のたどる沢を同定し、速度がかなり鈍っていることが確認された。千葉氏は、よりよい観測点を得ようとして、半分壊れかけて、グラグラしている煙突の梯子をよじ登ったとのことであった。こうして、危機の第一段階を乗り切れそうな見通しがついてきた。

新しい割れ目の情報

食事をとる余裕もできた。いただいた味噌汁（もちろんインスタント）が美味であった。二二時少し前に、地震研究所の宮崎務氏から電話が入った。未確認情報だが、波浮地区で地割れが発見されたという。宮崎氏は伊豆大島火山の水準測量などを長年手懸けてきた、わが大学グループの大ベテランであるが、一斉避難の騒ぎで止むなく火山観測所を撤退せざるを得なくなった二〇名近くの観測陣の一行を世話して、島の南西側にある差木地集落の、ある事務所に一時待機していたのであった。観測所員の下村氏が地元の知り合いの人から聞いた情報であり、大変心配であるとのこと。それまでややゆるんでいた気持ちに強い衝撃を受けた。

波浮の港自身が、今から約一〇〇〇年前に起きた水蒸気爆発によって生じた火口の跡であることはよく知られた事実であり、割れ目噴火が海岸付近で起これば、大きな岩塊が投出されたり、溶岩流が流下したりして、大変危険である。三年前に起きた三宅島噴火の際の激しい水蒸気爆発による破壊の跡が思い浮かんだ。

落合署長と須田次長に相談する。もしもの場合を考えて、割れ目噴火が起こる可能性を想定して、監視をしてもらうか、できれば道路を巡回して割れ目を調べてもらうことはできないだろうか…。落合署長はちょっと考えて、「わかりました。パトカーを出して調べてみましょう」と言われた。不安な時間が過ぎた。宮崎氏から、割れ目はまだ発見されていないか?と電話が入る。宮崎氏もイライラしているのがよくわかる。住民の避難乗船はまだ続けられている。噴火はずいぶん衰えたが、時々爆発音が聞こえる。

割れ目発見の報告はずいぶん遅くなって入った。パトカーの警察官からの報告では、幅約三〇cm、深さ数十センチメートルの割れ目が島の一周道路を斜めに横切っているという（写真13-3）。報告は大変くわしく的確で、地震動による路肩の崩落ではないという印象が強い。場所を聞いてびっくり

写真 13-3　伊豆大島南東部の一周道路を横断する断層

した。波浮地区からずっと上がった、通称ボルタックのそばの山の中である。ここまで調べながら登っていったのならば、ずいぶん時間がかかったはずである。さらに、現場はスコリアが厚く堆積していて、車の運転も困難だったはずである。パトカーの警官の責任感が直接伝わって来るようで心を打たれた。

観測所にも連絡しようと電話を入れる。渡辺氏が出られたが、様子を尋ねると、島の南東部に、あらたに地震が群発しているという。これは割れ目の発見とはまったく別の情報であるが、場所はまさに割れ目の位置である。この部分ではこれまでほとんど地震が起こっていなかったという。われわれはショックを受けた。下鶴氏らと相談する。島の南東部に割れ目噴火が起きる可能性があるという点で意見が一致した。A、B、Cの噴火割れ目の方向を南東に延長した位置である。すなわち、今回の大噴火を引き起こした元凶である、地下深くの大割れ目が北西―南東に伸びている方向を、さらに南東方に伸長することを意味している。一難去ってまた一難というところである。かなりの数の人々が島の北部から南部の波浮地区に向かって移動中であるらしい。われわれの意見を落合署長に申し上げる。

混乱を避けながらできるだけ早く人々を波浮から元町方面に移動させるとのことである。ひとまずホッとして宮崎氏に連絡をとる…。

結果的には、島の南東部で割れ目噴火は起きなかった。しかし、その後集められた観測データから見ると、この地域に北西—南東方向の大規模な割れ目が地下に生じたことはほぼ確実であり、もしマグマがこの割れ目を伝って地表に噴出すれば、激しい水蒸気爆発が起きる可能性は十分高かったと考えられる。いま振り返ってみても、あの時下した判断はまちがっていなかったと思う。

その後一年経ち、私たちは噴火時の調査・観測資料を整理したり、論文をまとめるのに追われていた。その頃、東京都港区へ避難された大島の人々がまとめられた文集、『三原山噴火と私たち』をいただいた。それには落合署長も一文を寄せられている。その一部を引用させていただく。

「東大地震研のA教授から、「筆島付近に亀裂が発生したようだ。警察で確認してほしい」との緊急連絡を受けたのです。私は極めて危険なことだと思いましたが、それだけに警察でやらねばならない仕事だと判断し、現場確認を命じたのです。

間もなく「ボルタック近くの都道上に三十糎の段差がついた大きな亀裂がある」との報告を受け、A教授に連絡すると「たいへん危険です、一刻を争います。」

私は動転しました。五千人以上の人が集結している波浮地区に近いところで割れ目噴火の可能性がある、しかも一刻を争う状態だと聞いたからです。役場の災害対策本部に飛んで行き、その旨を町長に伝え、急拠、波浮地区に集結している人々を元町に移動させることになったのです。しかし現場は、そう簡単にはいきません。避難誘導に当たっている係員に連絡するだけでも大変です。ましてや大勢の皆さんにそれを伝え、移動が開始されるまでには相当な時間を要するのです。やっと元町に向かって動きだしたバスが、途中でまた、波浮に帰されるというハプニングもありました。

皆さんが帰島された後の質問で一番多かったのも、この混乱の理由でした。あの時、筆島周辺で割れ目噴火が生じていたらどうなったか。思い出してもゾッとするのです…」

（文集『三原山噴火と私たち』より）

私はこれを読んで胸をつかれた。あの時、顔色一つ変えず、われわれの要請をすぐに引き受けられた署長が、事態をこんなに深刻に受け止めておられたとは気付かなかった。われわれの下した判断が五千人の人々の行動をあのように規制したという事実をしっかりと肌で感じていなかったのではないか。他の記録によると、波浮港へ向かうバスと、元町へ帰れと命令されて反対方向へ向かうバスとが、狭い道で鉢合わせをして、興奮した言い合いが起きたという。

自分自身は、あくまで冷静に行動したと思っていたのだが、他人から見ると、途方もなく興奮した状態で、署長に血相を変えて詰め寄っているように見えたのではないかと思うと、なんとも恥ずかしくも申しわけないような感じがする。

もう一つ、思い出に残るハプニングとしては、島の電力に関わる問題があった。署長室で何気なく耳に入った電話の交信に、電力会社が島の発電所を閉鎖して（ということは、全島を停電させて）、住民と一緒に、船で島を離れるという知らせがあった。離島であるので、当然、すべての電力は重油発電機によって賄われている。最後にはおそらく三～四名しか残っていなかったであろう発電所の職員が、住民の避難がほぼ完了しつつあるのを知って、当然のこととして、そろそろわれわれも（電力を落として）撤退します…という、相談がらみの通報をしてきたのだった。

それを聞いて、私は愕然とした。わが地震研究所のテレメーター観測網は、すべてその商用電源に頼っているのではないか。電源が切られたならば、観測網のすべての情報は死んでしまう。署長の会話に割り込んで、事情を説明し、是非とも電力を切らないようにしてほしいと、懇願した。発電所の人々はおそらく、唖然としたことだろう。全島避難の命令が出ているのに、電力を切らずに、島に残って発電所を死守せよという要請なのだ。結局、私の要請は受け入れられ、全島の停電は避けられたのだった。

ずっと後で、ＮＨＫの「プロジェクトＸ」という番組で、この大島噴火＝全島避難のエピソードが放映されたのを観たが、その中では、発電所職員の決死的な職務遂行の話が美談として取り上げられたのだった。

噴火のあと

騒然とした夜が白々と明けて、全島民が脱出した元町の岸壁に立って、まだ間欠的に爆発音を響かせている三原山を見上げると、ある種の爽快感、充足感すら感じた。船着き場の突堤には人影がなく、つい先刻までのあわただしさがうそのようである。しかし、目を上げて沖合を見ると、なんと三〇隻に近い船が停泊している。緊急の命令を各地から受けて駆けつけてきた、海上保安庁、海上自衛隊などの艦船が主である。一隻、赤色の大きい船が目立っていたが、これは前日に東京港を出帆した、南極観測船「しらせ」だということを後で知った。「しらせ」も指令に従って、わざわざ引き返して来たのであった。沖合に、視野いっぱいに集結した艦船群を見ると、日本の国の総力を目の前に見せつけられているような気分であった。

当時新設されてから四カ月しか経っていない内閣安全保障室の室長であった佐々淳行氏の著書を読むと、後藤田官房長官の指示のもと、あらゆる艦船が伊豆大島噴火の救援に駆けつけるよう指令を受けたということがわかる。佐々氏の記述から、当時、日本という国全体の中枢がこの噴火危機にどのように対応したのかがよくわかる。

「夜の総理官邸は無人で真暗である。（中略）二階の官房長官室にかけあがると、薄暗い長官室のテレビの前に後藤田官房長官がポツンとひとりで坐っていた。（中略）

「おう、きたか。こりゃあ危いぞ、離れ島だから逃げ場がないわな、早く助けにいかんと……。

担当官庁は国土庁だが、何の情報も入ってこんぞ」

ＮＨＫの生中継の画像には真赤な溶岩の壁がジリジリと不気味に流れ、一万三百人の全島民と三千人の観光客をのみこもうとしている。町役場の人たちや島民や観光客たちの恐怖にひきつった顔々が画面に浮かぶ。そのテレビのブラウン管の光を反射して、後藤田官房長官の顔が、薄暗い室内に青白く浮んでいる。（中略）

さあ、困ったことになった。

内閣安全保障室が発足してまだ四ヶ月。要員もやっと十省庁から二十名の出向者がきて編成が終ったばかり、予算も年度途中に発足した新組織だから（中略）四半期分約一億円足らずが暫定的に認められたばかり。（中略）

「ところで、海上自衛隊の護衛艦隊はどこにいる？　大島附近の海域で訓練でもしている艦隊はないか？　海上保安庁の巡視船は何隻、どこにいる？　大島の役場のある『元町』とかいう町の人口は何人じゃ？」

矢継早の質問だ。

「はあ、すぐ調べて御報告します。先程災害無線を傍受しておりましたら、海上保安庁の巡視船ナントカが大島に向っているとか」

「それは何トンの船か、被災者、甲板まで乗せると何人積める？」

「さあ、存じません、それも調べまして」

後藤田官房長官は怖い顔をし、目を三角にして、怒り出す。

「君は水蒸気爆発の恐しさ、わかってるのか。もしこの溶岩流が元町をのみこみ、さらに海中に流れこんだら、水蒸気爆発が起こって、島民も観光客も何千人と吹っ飛ぶんだぞ、国土庁からの報告はないのか。警視庁の機動隊、動員かかったか。東京都知事から自衛隊の出動要請はまだか?」（中略）

中曾根総理も渡辺政務官房副長官と共に公邸に陣取る。（中略）

後藤田官房長官が心配したとおり、もしも三原山の溶岩流が元町をのみこみ、さらに海中に流入したら、一大水蒸気爆発が起こり、大島一万三百人の住民と三千人の観光客の大多数が吹っ飛んでしまうだろう。

まさに「多数の人命を脅かす治安問題にかかわる大災害」だ。

国土庁は、夕方から十九関係省庁の担当課長を防災局に集めて延々と会議を催しており、官邸には一報もしてこない。こちらから私が電話をいれても、藤森副長官が名を名乗って電話しても、「会議中です」の一点張りで埒があかない。

藤森副長官は、「国土庁に任しておけない。これは〝伴走〟しましょう」と方針を示す。

会議嫌いの後藤田官房長官が怒り出した。

「なんの会議をやっておるのか、議題は何か、すぐきけ」との仰せ。

正規のルートでは、国土庁長官から内閣総理大臣へ情報報告がなされることになっていて、官房長官、副長官には制度上入らないようになっている。だから裏から手を廻して、一体なんの会議をやっているのか調べてみて驚いた。

第一議題は「災害対策本部の名称」。大島災害対策本部か、三原山噴火対策本部か。第二議題は、「元号を使うか、西暦にするか」。昭和六十一年とするか、西暦一九八六年にするかだという。なんでそんなバカなことを……ときくと、万が一昭和天皇ご高齢のため、元号は変るようなことがあれば……、しかし、西暦は前例がないからと議論しているという。第三議題は、臨時閣議を招集するか、持ち廻り閣議にするか……だそうだ。

後藤田官房長官にその旨報告すると、一瞬絶句したが、

「そんなことしてると、一万三千人の人命が危い。よし、内閣でやろう。協定もへったくれもない。安保室長、君、やれ」

と瞬時にして命令が発せられた。

中曾根総理も「オレが責任を負う。すぐやりなさい」と発言した。

「総理の命令でございますね」

私は念を押した。ようし、それならやりましょう。

内閣法上、内閣審議官には何の権限も指揮権もないが、内閣総理大臣の特命があり、内閣法第十二条による内閣官房長官の調整権が行使できるなら、何でもできるのだ」

（佐々、二〇〇〇、一九一―一九五頁より）

以上に引用したような、国の中枢レベルで起きていたような反応は、当時の私はまったく知らぬことであったし、官僚組織が緊急時にどのような反応を示すのかなど、まったく知識もなく、関心もなかった。

私自身は、火山研究者としては、すでに一人前で通用していたかもしれないが、火山噴火災害への対応という面での経験、実績はあまりなかった。当時すでに社会的に重要な役割を果たしていた、噴火予知連絡会の委員にも加わっていなかったし、本人は大学の一研究者であると自覚していて、そのように行動していた。

ところが、一一月二一日の割れ目噴火の現場に直面して、災害を防ぐ方向に努力を集中するような行動をするようになった。ほとんど反射的な反応であった。「人に命令されたことはやらない。自分がやりたいことだけをやる…」という理学部的な原則からは逸脱した行動とも言えるだろう。自分の研究者活動の内で、この事件を契機として、火山防災への関心と活動がはじまったと言えるかもしれない。

溶岩流への放水

一一月二二日以降、全島民が避難した後、がらんと空になった伊豆大島に、われわれ東大の火山観測班は留まった。島最大の集落である元町の目抜き通りから埠頭にかけては、全島脱出の際に住民が乗り捨てていった自動車が、ずらりと道の両側に駐車してあるが、人影はまったくない。ゴーストタウンをとぼとぼ歩くのは、実に奇妙な感覚であったが、すぐに街角には、置き去りにされた飼い犬の大群が現れ、われわれとこの奇妙な空間を共有することになった。もちろん人間側のメンバーとしては、本土から派遣された警察機動隊が人数としてもっとも多かったが、マスコミの人々が一人もいないということは、きわめて衝撃的な事実だった。噴火の現場で、マスコミに付きまとわれることがないということは、私自身にとっては、空前絶後の体験であり、ある意味、心休まる経験でもあった(が、マスコミはすぐに戻ってきた)。

まず恐る恐る、三原山への登山道路を辿って、外輪山の斜面を登っていき、C火口列の近くまで行ってみた。火口列は前夜の騒々しさとは打って変わって、静かに弱い煙を上げているだけのように見えた。町役場にとどまって留守部隊の指揮を執ることになった秋田助役と連絡を取って、新しい火口群の調査をはじめる用意にかかった。

元町の観測所に戻り、とにかく人がいないので、突然の静けさに満ちた町の雰囲気に、やっと興奮が収まって、すこし寛ごうかとしていた矢先、「荒牧センセーイ!また参りましたー!」という元気のよい大声。観測所の玄関まで出てみると、なんと三年前の三宅島噴火の際、阿古集落で前進する溶岩流の前面に海水をかけて、食い止めようとした作戦で三日間ともに働いた、東京消防庁の方々であった。今回も溶岩に水をかけて食い止める作戦をはじめたいとのことである。もう噴火は終わったようなものだが…と内心思ったが、意欲的な実験にあえて反対する理由もなく、放水作戦にアドバイザ

写真 13-4　伊豆大島元町の溶岩流への放水（中村一明氏撮影）

ーとして立ち会うことになった。

放水作業は三日間続けられ、合計二〇〇〇トンの海水が観測所のすぐ上流の沢を伝って流下してきた溶岩流の先端部に注がれた（写真13－4）。三宅島の場合と比べて、今回は市街地なので、消防車（ポンプ車）から直接ホースを伸ばして、効率的な放水が可能であった。三宅島の時の苦い教訓を生かして、海水の吸い上げは、元町埠頭に接岸した海上輸送艦「あつみ」の強力なポンプを使って、現地調達のコンクリートミキサー車（六トン）に次々と注入するというやり方で能率を上げた。ミキサー車は片道一〇分の距離をピストン輸送して、現地におかれた水槽に海水を供給し続けたのである。使用した水槽は六基、ホースの総延長は一五〇〇mを超え、同時に最大五カ所から放水を続けた。

「溶岩に当った海水は轟音を発して瞬時に蒸気と化し、辺り一面を白霧に包んだ。当初は、文字どおり「焼け石に水」の故事を実感したものである。冷却効果を見るため、三〇分ごとに放水を中断して状況把握を行った。溶岩流表面は、当初は水滴の残存さえも見られない程高温を維持していた。しかし、放水開始二時間後になって、ようやく溶岩流の先端部分で、岩石表面に湿りが認められるようになった。放水開始から三時間半後には、先端部の下部から放水された水が四〇〜五〇度の温水となって少量ずつ流出する状況となった」

（東京消防庁報告から抜粋）

全島避難の後始末

住民の全島避難の直後に突然訪れた静寂ではあったが、われわれ火山研究者にとっては思いがけない要請が立て続けにあって、その対応にいとまがなく、大した休養は取れなかった。

主な要請は、島内各地からの異常報告である。「××地区で黒煙が上がっている。噴火かどうか確認してほしい…」。機動隊からのお迎えの車（本土から送られてきた黒塗りの「指揮車」、学園紛争の時期、デモ隊鎮圧に使われた）に乗せられて、現場に急行する。たいていは、ごみ捨て場のごみが燃えているだの、地震による地表の割れ目だのと、噴火には直接関係ない事象である。しかし、緊急時のこのような事象の判定には、火山の専門知識が必要であり、われわれの存在はかけがえがなく、頼りにされるものであることが実感させられた。

百里基地の航空自衛隊から届けられる、赤外線の空撮映像の解釈も重要であった。特に問題となったのは、砂浜の反射能が高いため、晴天のある時刻によっては、異常に高い輝度が観測されることであった。噴火を終えたばかりの火口列と同等の輝度を示していた。この問題にも、くわしい土地勘を持った火山専門家の判断が必須であった。

最初の頃は、使える車がないので、警察の車に同乗させてもらうことが多かった。警察には、本土に避難した住民から多くのリクエストが来ていて、「ガスの元栓を閉めて来たかどうか不安だ。確かめてほしい」、「置き忘れた預金通帳を探してほしい」、「猫に餌をやってほしい」、…これらに応えるため、警察官はきわめて多忙である。しばしば、そのお手伝いをする羽目になった。カルデラ縁の温泉ホテルは人家から離れている場所だが、一匹の犬がそこから離れず、われわれが行くと懐かしそうに寄ってくる。観測班のメンバーは行くたびに弁当を分けてやったものである。無人の大島飛行場の待合室には、いつも犬が多数集まっていたが、飛びぬけて大きな一匹の犬が、回りの犬どもを率いる大将のような態度で、ソファーを独り占めにして寝そべっていた。

突然機動隊から要請があり、島の南端の波浮港の湾内に赤色変色域が発見された、新たな噴火の前兆かどうか調べてほしいとのこと。警察署に呼ばれて、波浮港の上空のヘリから、リアルタイムで中継されてくる映像を見ると、確かに海面が赤く変色している。機動隊とともに現場に急行する。一人、かなり年配の警察官がいて、くれた名刺には警視正とあった。彼は機動隊長などそっちのけで、湾内の伝馬船を一隻無断で借用して、私を乗せてこぎ出した。自分は漁師の息子だったので、櫓をこぐのはうまいのだと言って、まるで遠足を楽しんでいるようにも見えた。特別異常な状況には見えなかったので、変色水のサンプルを採集して帰ってきた。湾内の漁業試験場が、たまたま、赤く変色した水を水槽から大量に放出したためだったことが、その後判明した。

伊豆大島は隔絶した空間となり、われわれ観測班と機動隊のメンバーだけがその住民であった。日々の作業は単調となり、唯一の楽しみは本土から届けられるお弁当であった。そのお弁当にも飽きてきた頃、東海汽船の「さるびあ丸」が埠頭に接岸し、温かい食事を提供してくれるようになった時は、皆歓声を上げた。「今日の昼食はカレーライス」というような情報は、島の全員にすぐに伝わった。

荒牧個人の意見を述べる

大噴火が収束してから六日後に、特別に一生の思い出となるような経験をした。東京都知事の鈴木俊一氏との邂逅である。当時は秘密にするように要請された事案である。しかし、その後、一〇年以上経った時点で、鈴木都知事ご自身が、公式の場で、「当時、荒牧先生のご意見によると、しかじかでありましたので…」などと発言するようになったので、「おや、秘密の約束は解禁か？…」と思い、さらに噴火後三〇年以上経ち、鈴木氏も故人になられた今となっては、もはや時効になったと考える次第である。秘密の事案とは、東京都の首脳、特に鈴木知事と私自身が意見交換した内容に関してであるが、今となっては公表しても、特に社会にマイナスの影響を及ぼすほどのことではないと思うのである。

一一月二七日に大島火山観測所にいた私宛に連絡が入り、「鈴木都知事が直々に意見を聞きたい…」

との要請があった。私がＯＫを出すと、わざわざヘリコプターが一機東京から飛来し、すでに島内にあふれていたマスコミの目に留まらないように、周到な隠密作戦を経て、私を乗せて東京へ向かった。その夜、鈴木都知事と、数名のブレーンと一緒に夕食をともにして、伊豆大島の噴火活動の経緯と、今後の見通しについて、問われるまま、私見を述べた。その後、私自身はヘリで再び伊豆大島へ送られ、何食わぬ顔で翌朝、大島火山観測所へ戻った。

統一見解

一方、東京では、気象庁の噴火予知連絡会の会議が、噴火後四日目に開かれ、統一見解なるものが大々的に報道されていた。この間の経緯は、ＮＨＫ取材班著『全島避難せよ——ドキュメント伊豆大島大噴火』（一九八七）に述べられているので、そこから引用させていただく。

「（鈴木知事の希望の一つが、）「学者と直接会って見通しを聞くこと」（中略）、「一度ハラを聞いてみたい」（中略）この意向を受けて、火山噴火予知連のある有力な学者との会談がセットされた。一一月二七日夜、場所は都庁にほど近い東京会館の一室だった。知事の公式日程にはいらない、極秘の会談である。知事は、翌二八日には、ヘリコプターで大島へ視察に出向くことが決まっていた。（中略）学者は、島で起きている地震や地殻の変化の状況、さらに過去の大島の火山活動歴などについて、データを示して説明し、そして言った。

「いろいろなデータを総合しますと、大規模な噴火は、いちおう峠を越したと見られるのではないかと思います」（中略）

二時間に及ぶ会談を終えた知事は、笑みをたたえ、非常に満足した様子だった」

（ＮＨＫ取材班、一九八七、一六六頁より）

「火山噴火予知連のある有力な学者」とあるが、これは事実ではなく、当時私は予知連の委員ではなかった。ただし、噴火の後になって、予知連委員の委嘱状が気象庁から届いたが、その日付は、大島の噴火以前となっていた。中村一明氏も同様、事後に予知連の委員となった。この日付の意味はよくわからないが、その説明もなく、決して後味のよいものではなかった。

二〇人近くもいる予知連の委員を差し置いて、なぜ秘密裏に、鈴木都知事が私一人の面談を希望したのかという理由は、表向き説明がなかったが、背景事情は十分理解できた。要するに、噴火直後の予知連のパフォーマンスに、鈴木氏以下、東京都の執行部が深い不満と不安を抱いたためだろうと思う。具体的には、二四日、大噴火後最初に発表された予知連の統一見解の内容が、防災当局者にとっては、思いがけなくも期待外れな内容であったことである。

「鈴木知事は、この統一見解を何度も読み返し、首をかしげて、「山そのものが吹き飛ぶような危険な状態なのかね」とつぶやいたという」

（同、一六三頁）

少し背景の説明になるが、当時の予知連の構成メンバーが偏っていたため、適切な統一見解をまとめ損ねたのだと考える。主な原因は、当時の委員の大多数が機械観測主体の火山物理学者で、伊豆大島の過去の噴火の経歴をよく知らなかったことにある。

過去一〇〇〇年以上にわたる、伊豆大島の活発な火山活動は多彩であり、主に中村一明氏によって精力的にくわしく調べられていた。そこで、二四日の予知連では、それまでは予知連とは無縁であった中村氏を臨時委員として特別に呼んで、彼から大島の活動史の解説を聞いたのであった。

（委員の一人の言葉として）「まるで〝中村学〟拝聴の場でした。我々はただ、なるほどとうなずきながらそれを聴くだけでした」（中略）しかし、（ある学者の言葉として）「中村さんが説明したことの多くはすでに学会で発表され、一部は一般向けの本にもなっている。それを知らない委員がいるのには驚きました」

（同、一九五―一九六頁）

中村学拝聴のインパクトは強く、それがそのまま統一見解の基調をなしたことは不幸なことであった。中村学は過去の噴火活動を論じたものであり、それには今回の噴火よりけた違いに大きな（火山学的な意味で）、激しい噴火のエピソードが複数含まれていた。東京都の執行部が予知連に期待していたのは、過去にどんな激しい噴火が起きたかの解説ではなく、今後どうすべきかへの助言であったはずである。

ところが、当時の予知連の会議の雰囲気は、中村氏から新しく学んだ過去の伊豆大島の大噴火の事例に圧倒されて、その咀嚼で頭がいっぱいになり、過去の事例の記述と将来の活動の見通しがごっちゃになった表現になったと言えるかもしれない。予知連の見解としては、今度の噴火の規模、激しさを冷静に客観的に示し、過去二〇〇〇年間の大島火山自身の活動を通してみれば、今回の噴火は、それほど特別に突出した大噴火ではなく、強いて言えば中規模の噴火であり、したがってそれ相応の対応を冷静に行うべきである…というような内容のコメントを発表するべきであったと思う。

当時私自身も、予知連からは疎外されていて無関係であり、噴火以降も大島の現地にとどまっていたため、東京でのできごとはいっさい知らなかったのだが、報道された統一見解を一読して驚いた。「…爆発角礫岩の降下と岩なだれの発生により、島内広域に危険が及ぶことが考えられる…」。そもそも「角礫岩」が空から降ってくるとは、日本語の言葉づかいから見ても誤りである。このくだりを読んで思わずニヤリとした。予知連には、公文書の文案を作らせたら名人と言われる書記が一人いるのだが、この時は彼を含む予知連の全員が動顛していて、細かい文章の過ちまでは気付かなかったらしい。統一見解は、確かに鈴木知事をはじめ、読む人をびっくりさせる内容であった。

鈴木知事は、予知連とは無関係な火山学者が一人いると聞いて、私を指名し、私の述べた「印象」を聞いて満足されたらしい。この経緯は、日本の火山学界にとってあまり名誉な話ではないし、一方、現在の火山噴火予知連の構成は、このような問題についてはすでに改善されていて、当時のことにいまさら批判を向けることは正当化されないことだとも思っている。

このような経験は、結果的に私自身の火山防災のメカニズムに関する関心を掻き立てることになった。鈴木知事とそのブレーンの行動や会話の内容を見聞したり、大島警察署の署長室にいて、本土との情報のやり取りや指令・命令の飛び交う様子を傍見していると、緊急事態時に行政執行機関がどのように行動するかが手に取るように理解された。組織全体の行動のメカニズムというものは、傍観者にとっては、新鮮で、ある意味、きわめて興味深いものであった。伊豆大島一九八六年の噴火の体験は、その後、私自身が火山防災関連の事案にのめりこんでゆく引き金となったのだと思う。

第14章 火砕流の恐怖、目撃者の証言——雲仙普賢岳一九九一年噴火

噴火のはじまり

一九九〇年一一月一七日に、雲仙普賢岳の噴火がはじまった（写真14-1）。私を含めて、多くの火山学者たちは、この噴火が六年間も続くとは思ってもいなかった。雲仙火山の噴火と言ってもよいのだが、地元の強い要望で、噴火の個所を特定の場所に限りたいとのことで、普賢岳という地名を追加したのだと聞いている。このような経緯は時々あることで、この場合は雲仙温泉と呼ばれる地域の人々が強く要求したと言われる。確かに、噴火した場所は広大な雲仙岳火山のごく一部を作っている普賢岳と呼ばれている火山体であって、雲仙温泉がある場所は、そこから離れている。遠方から訪ねてくるお客さんが噴火のために減少することは、当事者にとっては死活問題であると感じられたのかもしれない。

写真 14-1　雲仙普賢岳と眉山（1992 年 1 月 20 日アジア航測株式会社撮影）

噴火は水蒸気噴火からはじまり、断続して翌年春まで続いた。白色の噴煙が森林の中からもくもくと噴き出している光景をテレビで見ている限り、大した噴火ではないように思えた。状況が一変したのは翌年、一九九一年五月に入ってからで、ロックケーキのような巨大な岩の塊が出現し、それが膨れ上がって、真ん中から二つに割れた時であった。溶岩ドームの生成であった。ドームの成長は早く、四日後には、ドームの一部が崩落して、小規模な火砕流が発生した。

その年、私は東京大学地震研究所を定年退職して、四月から北海道大学理学部教授として札幌に赴任したばかりだったので、なかなか噴火の現場に行く機会が得られなかった。NHKから連絡があり、雲仙普賢岳から火砕流が発生しているという報告があるが、その真偽を確かめてほしい、札幌放送局にビデオテープを送るから、それを見てほしいとのこと。何本かのテープを見て、ショックを受けた。まず確かに火砕流である。火山研究者が自ら撮ったテープでは、現場で火砕流かどうか、いろいろと議論している状況まで映っていた。火砕流がいかに危険であるかを改めてNHKの人々に説明したが、現地で事態の緊急度が正しく理解されているかどうか不安であった。新任の大学当局には申し訳なかったが、早速島原まで飛んで、現地入りした。

雲仙火山を監視しているのは、九州大学の地震観測所で、普賢岳の東方、眉山の麓にあり、所長の太田一也教授をはじめ、信頼できるスタッフがそろっていた。観測所のご厚意に甘えて、そこを根拠地として現場を把握しようと試みた。五月一五日に、降り積もった火山灰が原因で最初の土石流が発生し、降雨のたびに繰り返し発生するようになった。溶岩ドームの生成は五月二〇日であったが、二四日には最初の火砕流が発生したらしい。現地の防災担当者は、土石流への対応にもっぱら注意が集中し、見たことも聞いたこともない「火砕流」という現象に対する警戒の必要性は念頭になかったと思われる。

六月三日の火砕流

六月三日当日の午後は、東京大手町にある気象庁本庁の火山室に、私を含めて関係者が数名集まって情報や意見の交換などをしていた。夕刻になって現地から電話が入り、大型の火砕流が発生し、負傷者が数名とのこと。私自身の反応は、「しまった！もっと強く火砕流の危険性を訴えるべきだった！」というもので、第一報が負傷者数名ということは、最終的な被害は死者を含むことになるだろうという印象が強かった。一同呆然として、次の報告を待っていた。

夜遅くになると、恐れていたように、死者多数の大惨事になったことが明らかになり、自衛隊が遭難者の救助および遺体の収容のため、現場に入るという。東京の一同は強く反応して、危険すぎる…火砕流の発生が続く可能性が高い、自衛隊の突入はやめるべきである…との意見で一致した。現地の太田教授を電話で呼び出して、自衛隊を止めるように強く要請した。実際には、翌日の明け方、自衛隊が現地入りし、遺体をすべて収容したという。当事者の意識には、マスコミによる過熱報道、たとえば遺体の写真を超低空から撮って、報道されるというような、状況に対する怖れがおそらく強烈にあったのだと思う。

六月三日の「大」火砕流の災害を振り返ってみれば、私自身、火山専門家としては、後悔の連続であった。防災体制の立ち上がり時点では、情報発信の基地である気象庁の態度が慎重過ぎて、後ろ向きであった。火砕流という言葉を表に出すことからして、きわめて消極的であった。この状況は一九七七年の有珠噴火の時の苦い経験以来続いていたので、私自身にとっては、新しいことではなく、またか…という感じであったが、それがやはりマイナスに影響する結果になった。

気象庁の公式発表に「火砕流」という語を入れるよう説得するため、「どうしても気が進まないのなら、「小規模な」火砕流としてもよい…」とまで譲歩したつもりで、私は発言した。実際には、その通りになって、気象庁が五月二五日の臨時火山情報ではじめて「火砕流」という言葉に言及した時は、「小規模な」という言葉が挿入されていた。六月三日の火砕流はおそらく数万トンくらいの規模であり、火山学的にはまさに「小規模」であることは確かだったが、一般市民には、危険度も小さいと受け取られる可能性はあった。火山学的に「大規模な」火砕流とは、普賢岳のものより一〇万倍かそれ以上のスケールのものまである。実際のところ、私見では、雲仙の火砕流は、一般的に火砕流として成立し得る最小限に近い規模のものが少なくなかったということである。これより小さな規模では、単なるがけ崩れと大差なくなり、岩塊の重力による転動落下として、火砕流に特徴的な流動化現象が維持されないだろうという印象である。

しかし、私自身の「小規模」火砕流の発言は、後まで悪影響が残ったようである。地元の某新聞紙の記者がこれを聞きとがめて、「荒牧が小規模な火砕流であると発言したことにより、一般住民が十分な警戒意識を持たなかった」という批判記事を書いたりしたようであるが、ある意味では私自身が罪を負うべきだろうと、今でも思っている。

五月二四日に最初の火砕流が発生したとすれば、六月三日の「大」火砕流発生の前に相当数の火砕流が発生していたに相違ない。もちろん正式な記録はないのだが、たとえば六月一日には「水無川で作業していた人が高温の砂嵐に襲われて火傷を負い、病院に収容された」との報道があった。明らかに小規模な火砕流（サージ）に接触したための火傷だと思われるが、当時は、火砕流の存在そのものが理解されず、もっぱら土石流の被害に関心が集中していたので、当事者たちは大した危機感を持たなかったに相違ない。伝聞であるが、大災害が起きた前日の六月二日には、土石流の被害などに関する検分のために多数の関係者が水無川の渓谷部に立ち入ったとのことである。「大」火砕流の発生が一日早かったら、犠牲者の数はきわめて多かったのではないかと思われる。

自衛隊との出会い

雲仙普賢岳の噴火災害に際して、陸上自衛隊（長崎県大村に駐屯する第一六普通科連隊が中心）が派遣されてきた。火砕流とはどのようなものかを説明してほしいと言われて、幹部の会合へ説明に行った。高温であることが特徴であると説明すると、「わが隊には、摂氏一二〇〇度以上に耐える装甲を施した新型戦車がありますので、それを使ったらいかがでしょうか？」との質問。「火砕流はそんなに高温ではないのですが、戦車はディーゼルエンジンで動くのでしょう？　火砕流堆積物の上を行動するのなら、燃料に引火する危険があります」ということで、話がかみ合わなかったこともあった。

しかし、最初にショックを受けたのは、光波測距儀との出会いであった。日々成長する溶岩ドームの大きさや形状を知ることは、われわれ火山研究者にとって最優先の事項であったが、ある日野外で、自衛隊が三脚の上に箱形の機械を載せて、普賢岳ドームの方を狙っているのに出会った。何をしているのか尋ねてみると、ドームまでの距離を測っているという。

当時もちろん、ジオディメーターと呼ばれる、レーザー距離計が研究者の間で使われていたのだが、それには目標のところに高価で精密な反射鏡を設置する必要があった。噴火中の溶岩ドームには近付くことが困難であるので、ジオディメーターは当然使えないものと思っていたところが、自衛隊の機械では簡単に測れるし、反射鏡はいらないという。機械を覗かせてもらったら、ドームの岩肌がはっきり見えていて、十字マークの場所までの距離が、〇・一mの精度でデジタル表示されている。より強力なレーザー光線を使えば確かに反射鏡なしで距離が測れるのだとは納得したが、まさか自衛隊がわれわれよりも進んだ測器を装備しているとは思わなかった。私が驚いているのを見て、「われわれは砲兵ですから、目標までの距離を知ることは重要なことです」と隊長が説明してくれた。まさにその通りだと思った。

この話には続きがある。自衛隊が持っている測距儀をよく見ると、暗緑色の外装に小さくＮＥＣと書いてあった。すぐにＮＥＣ（日本電気株式会社）に連絡を取ってみると、「確かにわが社で製作しています」とのこと。ぜひ購入したいと言うと、一般の方にはお売りできませんとの返事であった。

兵器であるので、民間人には売れないということらしい。

話はまだ先があって、普賢岳の溶岩ドームの成長はその後三〜四年続いたが、その間に測距儀は解禁になったらしく、ＮＥＣがそっくり同じものを民生用に売り出したのである。すぐに、安くない予算を無理に工面していただいて、その測距儀を購入することができた。しかし、機械を覗いてみると、距離のデジタル表示がｍ（メートル）の単位までであり、自衛隊が使っていた機械の〇・一ｍまでの精度は出ないようになっていたのである。軍事機密というのはこういうものかと感じた次第である。現在では、この仕様の反射鏡不要のレーザー測距儀は、ゴルフプレーヤー向きのものなど、コンパクトなものがきわめて安い値段で売られている状態である。

もう一つ、自衛隊のハイテク装備で驚かされたのが、ドップラーレーダーであった。中型トラックの荷台を暗室として、巨大なＣＲＴディスプレイ上にレーダー映像が映し出されるのである（当時、液晶パネルはまだ実用化されていなかった）。操作担当の自衛官の話では、火砕流は高速に移動するので、識別がきわめて容易であるという。スペクトルアナライザーの表示が瞬くディスプレイを私が驚いて見ていると、われわれは砲兵なので、接近してくる戦車などをこの方法で迎え撃つのですという説明であった。ドップラーレーダーは、その後二五年以上経った頃になって、やっと火山学の研究に使われはじめている状況である。

自衛隊の実力部隊の一つとして、オートバイ隊があった。中型のオフロードタイプの自動二輪車にまたがった小集団であったが、隊長らしい人が話しかけてきて、火砕流堆積物の最先端部のさらに二〇〜三〇m先方に、特徴ある岩塊が数個あるのを見たという。イギリス学派の論文に、前進する火砕流の先端部から勢いよく岩塊が前方に投出されるスケッチが載っていたのを思い出して、はっとした。いかにもそのスケッチに該当するような話であった。

翌朝、話をしてくれた若い隊長は、岩塊を二、三個私に渡して、「これがお話しした石です、大変興味がおありのようでしたので、再度、取りに行ってきました」と言った。四〇名を超える死者を出した直後のことで、さすがに私自身も危険区域内に立ち入ることは考えなかったのだが、私が強い関心を示したのを見て、再度現場に戻ってサンプルを取ってきてくれたのであった。危険を冒すことが織り込み済みの職業とはいえ、その胆力には強い感銘を受けた。この岩塊の化学組成は、火砕流本体の岩塊の組成から少し離れたところにプロットされることがわかったのだが、その理由はいまだ不明である。私自身がしっかり現場で観察できなかったことが、いかにも心残りである。

自衛隊の現地本部は、島原城址の敷地内にあり、眉山にさえぎられて、普賢岳ドームを直接見ることができない。そこで、ヘリコプターを二機飛ばして、ドームの映像を空中で中継して、本部まで送るようにした。日中はほとんど休みなく、その映像を民間テレビ局を通じて流すようにしたので、島原の市民は、いつでも普賢岳ドームの様子をテレビで見られるようになり、大変好評であった。

火山観測のうえで、もっとも大切な作業の一つが、空からの観測である。これも自衛隊のヘリコプターが提供され、毎日のように火山研究者が搭乗して、目視観測やドーム表面の温度観測などを行った。自衛隊の災害派遣の期間としては最長の記録である一六五八日間、このようにして自衛隊の協力が得られた。特に総指揮を執る山口義廣連隊長が火山学者の活動に理解を持たれ、多くの点で協力を惜しまれなかったことは特記に値する。また、太田所長をはじめとした九州大学の雲仙観測所の所員との連携が大変うまくゆき、疲労した観測所の所員の代わりに、自衛隊の隊員が二四時間ベースで、観測所の地震計のモニターを監視してくれたおかげで、火砕流の監視が十分にできたのである。

私のような年頃の人間は、安保反米闘争や東大安田講堂の攻防戦などを体験してきた世代なので、自衛隊、機動隊と聞くだけで拒絶反応を示すような条件が体に埋め込まれているような状態であった。そのため、雲仙普賢岳での自衛隊との邂逅はショッキングな体験になった。アメリカのＦＥＭＡの例でもそうなのだが、世界的に見て、防災担当の組織は軍隊の要素が濃いのが特徴の一つである。軍隊というものは、自己充足型の性能を持つ危機管理の専門家集団であるとも定義することが可能である。

六月三日の火砕流災害の特徴

今回の雲仙普賢岳の噴火活動において、約三〇〇〇回の火砕流が発生したと言われる。そのうち、最大とは言わないが、最大級の一つが、先に述べた一九九一年六月三日一六時八分に発生した火砕流である。溶岩ドームの南東斜面の一部が崩落して、水無川を流下し、発生源から約四㎞の地点まで達した。火砕流の発生様式はいろいろあるのだが、雲仙普賢岳の火砕流は、ほとんどが、ドーム崩落型あるいはメラピ型と呼ばれるタイプである。他のタイプの火砕流としては、噴煙柱崩壊型（セントビンセント型）、ドーム側方からの発射型（プレー型）などが教科書に書かれている。これら多くの種類に共通の特徴は、高温の火山砕屑物が一団となって斜面を高速に流下する現象として定義されることである。

火砕流のもう一つの特徴は、火砕流の規模、すなわち、構成する火砕物質の量の範囲が広いことである。前にも述べたように、雲仙普賢岳の規模は、構成物質が数百トンから、せいぜい一〇万トンの範囲である。火山学的に中規模の火砕流と言えば、一〇〇万〜一億トンの範囲、大規模な火砕流は一〇億トン以上、おそらく一兆トン以上になる。最大では体積で一〇〇〇立方kmの規模のものが知られている（ただし流れ単位としては複数であるが）。短時間でこれだけの量のマグマが地下から地上に噴出するのだから、火口の周りが陥没してカルデラができる。知られている限り過去最大のカルデラは五〇×七〇kmの大きさであり、現在のアメリカ西部、ワイオミング州のイエローストーン国立公園の一部を占めているという。

以上の説明でおわかりと思うが、地上最大級の火砕流などというものは、破壊力が大きすぎて、近くでくわしく観察した人間などは存在し得ない。先に述べた火砕流の分類も、小規模な火砕流に限ったものと考える方がよい。雲仙普賢岳の火砕流も、そういう意味では全部小型火砕流であるが、人間にとっては、捕まったら必ず死ぬと言えるものである。いくら遅くても秒速三〇m、時速で一〇〇kmの速さであるから、火砕流が発生してから避難するのでは間に合わない。温度は数百度か、それ以上に達するので、捕まったら必ず熱傷死する。

六月三日の火砕流災害は、溶岩ドームから流下する水無川の流路が急に南へ曲がる地点の下流方向で起きた。火砕流自体はその中心部分が相対的に高密度の粉体から構成されており、周縁域はより希薄な粉体流によって構成されている。地表に沿って流れる高密度の本体部は、水無川の流れに沿って南方に急に曲がったのだが、上部の希薄な部分は、そのまま直進して、火砕流のよい映像を撮ろうとして、待ちかまえていた報道陣を真正面から襲った。この希薄な部分は、火砕サージとも呼ばれ、この領域では、人は火傷を負うことはあるが、必ずしもすぐに死ぬとは限らない。四三名の死者のうち、少なくとも三五名の死は、実は火砕サージの領域で起きたと思われる。そのような意味で、六月三日の惨事は、きわどいところで不幸な結末になったとも言えるのである。

災害直後の、自衛隊と警察の合同捜査隊の報告を見ると、個々の遭難遺体の分布域は長径八〇〇m、短径四〇〇mの、段々畑の区域に収まっている。長径の方向はほぼ溶岩ドームの方向を向いていて、水無川に沿っている南側は低く、北側は相対的に五〇m近くも高く、その外側は焼けていない林として残っている。すなわち遭難者の多くは、火砕サージの領域の外縁ギリギリのところで、死に遭遇したのであった。この地域は、かなり広い段々畑であって、普賢岳への展望がよく、マスコミの、特にカメラマンが多数、前進してくる火砕流の様子を撮影しようとして、三脚を据えて待ち構えていたところで、「定点」と呼ばれていた。

遭難域に堆積した火砕流物質の厚さは平均五〜一〇cm以下であり、したがって段々畑の地形はあぜ道まで、明瞭に識別できた。域内には十数軒の木造家屋や構造物があったが、いずれも完全に焼失した。死者の約半数は、建物内で遭難したが、屋外で遭難した例に比べて、はるかに遺体の損傷度が激しかった。この差は建物で発生した火災によるものと結論された。このような状況であったので、相当数の人々が、火傷を負ったが、即死に至らず生存されたことがわかっている。このことについては、後でくわしく述べることにする。

ハリー・グリッケンとクラフト夫妻の遭難

六月三日の災害の直後で、まだ現地が騒然としている中で、外国人三名の火山学者の遭難死が報じられた。名前を聞いてびっくり仰天した。フランス人のモーリスとカチア・クラフト（Maurice & Katia Krafft）夫妻と、アメリカ人のハリー・グリッケン（Harry Glicken）であった。三名とも、実に親しく、個人的によく知っている人たちである。

モーリスとカチア・クラフトは、すでに火山関係者の間で、世界中に知られた夫婦であった。モーリスは地質学、カチアは化学の学士号を持ち、世界中の火山噴火の映像を撮る専門家として有名であった。一九七六年、グアドループ島のスフリエール噴火の章（第9章）で述べた当時のアルーン・タジエフと同様、火山映像の専門家として世界的な名声を確立しており、火山災害の防止を目的とした国際火山学会作成のビデオには、自分たちが撮影した貴重な映像を無償で提供してくれたのであった。さらに、タジエフのように権威をかさに着るようなことがなく、フランス人としては珍しく、誰にもきわめて愛想がよく、火山研究者からも受けがよかった。

クラフト夫妻の場合は、それでもまだ納得がいった。というのは、彼らは、大きな噴火が起きると世界中どこであれ、現場にすぐ現れ、危険を冒してでも、独自の行動を取って最良の映像を撮ろうとするからである。しかし、ハリー・グリッケンは当時三三歳であり、その四年前にはなんと東京大学地震研究所の私の研究室で、外国人研究員として一年間過ごした人であった。彼は当時、火山研究ができる研究職のポジションを探していて、母国アメリカが駄目ならば、日本で何とか職を見付けたいとしていた。私の研究室に一年滞在していた期間には、就職のチャンスに恵まれなくて、いったん帰国していたのだが、今回の遭難事故の直前に再び来日していたことは後になって知った。

グリッケンの死後、彼について私の知らなかった事実が次々とわかってきて、個人的に打ちのめされたような感じだった。まず、一九八〇年のセントヘレンズ火山の噴火の際、公用で殉職した唯一人の犠牲者である、アメリカ地質調査所員のデイビッド・ジョンストン博士は、実は当日の観測当番であったハリー・グリッケンの代わりとして、コールドウォーターIIに宿直として滞在していたために、遭難死したのであった（第11章）。ハリーは当時、カリフォルニア大学サンタバーバラ校の大学院生であったが、その日、指導教授に呼ばれて、急に下山することになったのであった。彼はこの事件に深いショックを受けて、一時は火山の研究をやめようかと悩んだという。その後、気を取り直して、D・ジョンストンを遭難死に追いやった、デブリアバランシュ（岩屑なだれ）の堆積物の調査研究を博士論文のテーマとして選んだ。彼はその研究を立派にやり遂げ、その報告書は地質調査所から出版され、今でも学界で高く評価されている。

しかし、その後も、地質調査所に就職する機会が得られず、一時的な研究費を得て、東大地震研究所に客員研究員としてやってきたのであった。当時、私自身はまったくそのような経緯は知らなかったし、ハリー自身も、なぜか私にはそのことを一切語らなかった。私がD・ジョンストンと親密であったことや、セントヘレンズ噴火の現地本部をしばしば訪れていたことなどは、よく知っていたはずにもかかわらずである。ハリーは、地震研に滞在している間、セントヘレンズとよく似た山体崩壊を起こした、一八八八年の磐梯山噴火の堆積物を調査したりして、優秀な研究者であることを私に印象付けたのであった。

ちょっとひょうきんで、するどいユーモアがあり、一方日常生活や世間的な雑事にはきわめて無頓着な一面があり、その意味であまり人付き合いはよくなかったとも言える。その際立った人間性は、われわれ研究室の一同に強い印象を残したのであった。ハリー・グリッケンは、火砕流の恐ろしさを人一倍身に染みてわかっているはずなので、なぜ普賢岳の火砕流の現場で遭難したのか、まったく理解できなかった。

遭難直後に、この外国人三名の遺体の確認をしてほしいという依頼が、警察からあった。考えれば、三人に面識があるのは、私以外にはいないので、断るわけにはいかなかった。対面した遺体は、それぞれの特徴から、すぐに判別がついた。ハリーは、野外調査の時はいつも赤い靴下をはいていたのだが、今度も同じ靴下なのですぐに確認できた。三名の遺体は、私が恐れていたよりは、はるかに損傷が軽度で、衣服も表面が焼損しているだけで、ほとんど破損していなかった。ただ博物館に展示してある、エジプトのミイラのような容貌になっていた。ということは、火砕サージの爆風による物理的なダメージは少なく、高温の火山灰による火傷と脱水の影響が表れていたのみと見られる。三人の遺体が収容された地点は、遭難域のもっとも溶岩ドームに近い場所であったので、他の遭難死者も、そのほとんどが、火砕流本体ではなく、細粒の高温火砕物だけで構成される、火砕サージに襲われたことは明らかであった。

目撃者の証言

六月三日の火砕流の破壊力を評価するのには、サージに巻き込まれたが、かろうじて生命を取りとめた人々の体験がきわめて重要な示唆を与える。以下にそのような証言のいくつかを要約してみる。

これらの証言は、ご本人に直接会ってお話を聞き、私自身の文章としてまとめたものである。聞き取りの方法は、ご本人のお話の最中に、随時質問を割り込ませて、証言内容の確認をしたり、より具体的な観察の記憶を引き出すように誘導して、火山学的により正確に、より定量的な記述としてまとめるように心がけた。聞き取りの後、内容を清書したものをご本人に読んでいただき、必要なところを修正した。したがって、表現は第三者（私）の言葉になっている場合もあるが、内容は証言していただいたご本人の最終的な確認を得ているものである。なお本文中に（注…）とある部分は、私が後から追加した注であり、この部分は私自身の意見である。

○M氏の証言

当時M氏は小嵐タクシーに運転手として勤務、六月三日当日はNHKの職員（および関係者）を乗せて眉山南斜面にあるNHKの無線中継所まで行った。中継所は一車線道路の終点にあり、タクシー二台と軽トラック二台で合計一〇名がロボットカメラ設置作業のため、中継所にいた。現地には一六時一〇分前頃に到着、その後M氏はタクシーを下り方向（西向、普賢岳方向）に向けていたら、ゴロゴロと雷のような音がした。もくもくと黒煙があがり、灰がばらばらと降ってきた。車の中に入り、無線交信を聞いていた。木立のため視界は限られていたが、雨は降っておらず見通しはよかった。それまでに何回か火砕流が流下していたし、眼下の上木場地区には数台のタクシーが報道陣といっしょに待機していたので、それらのタクシーや基地の間の交信をM氏は聞いていたのであった。

一六時ちょっと過ぎに大きな火砕流が流下してきた時、北上木場にいた同僚のタクシー運転手のT氏から「大きいのが来たぞ、そっちにも行っただろ?……」（注　または「煙が上がっとるが（山の）上はどうだ」）というような交信があった。それからしばらくして、最大の火砕流が流下した。無線の交信も大混乱に陥ったが、T氏からの「おれの方はもうだめだ。逃げきれん…」の無線がもっともショックだった（注　T氏は北上木場で火砕流に巻き込まれ殉職された）。

道の下方から茶色がかった灰色の濃い煙が、速い速度でこちらへ向かって上がってきた。前面は壁のように見え、速度は時速一〇〇kmよりも遅く、五〇kmくらいかそれよりも速いように感じられた。あまりにも速いので煙が車まで達しようとした瞬間、思わず身を固くしてハンドルを握りしめた。その瞬間は特に衝撃は感じなかったが、小枝や小石が当たる「バチバチ」という音がした。真っ暗になったが、一五秒くらいでまた明るくなり、通り過ぎたと感じた。この間、音も光も臭いも感じなかったが、車の窓ガラスは閉じてあったので、少々の変化はわからなかったと思う。無線はずっと付けっぱなしだったが、電波の雑音は何も聞こえなかった。その間降灰し、厚さ五㎜くらい積もったと思う。黒煙が通過した後もしばらくは無線の交信を聞いていた。数分後に車外へ出るとムッとして生暖かく感じ、硫黄の臭いがした。周囲に音はなくシーンとしていた。

一〇分くらいしてから、下へ逃げようということになり、道を下った。途中二、三回路上に落ちている枝を退けるため停車しながら、数分で北と南上木場への三叉路近くまで下りた。火山灰の堆積はあまり厚くなかった。前方（北上木場）は灰の煙が立ち込めて見通せなく、どんな状況になっているのかわからなかった。この靄のようなものの中では、目が痛くて開けていられない状態だった。これから先は大きな木が何本も倒れていて、車が通ることは不可能だったので、あきらめて引き返し、中継所まで戻った。ここで一夜を明かし、翌日八時へリコプターで救出された。ヘリは着陸できないので全員つり上げられて救出された。

○S夫妻の証言

S夫妻は、当時北上木場で眉山焼の窯元や付属の美術館などを経営されていた。当日、S夫妻は、この地域から避難しようと思って、自宅（兼事業所）へ戻ったところだった。屋内には、他に従業員と、その二人のお子さんもいた。

S夫人は自宅の二階へ上がったが、突然電気が消えた。その後すぐに、バーン（バシャーン、ドーン）という音がして、周囲は真っ暗になった。手探りで階段の手摺りを伝いながら、一階へ下りた。S氏は停電の瞬間、棟続きの鉄骨造の展示場のソファーに座っていたが、高い天井から砂がパラパラ落ちてくるのを感じた。これは火砕流の灰ではなく、溜まっていたゴミが風圧のショックで落下したのであろうというのがS氏の意見である。暗黒の中、家の外は、台風が襲ってきた時のような気配だった。何も臭いはしなかった。

おそらく一分以内に、外がすーっと明るくなった。階下で夫妻は一緒になり、戸外へ出ようとして、南面の中央の引き戸を開けかかった。三〇cmくらい開ける間に、熱風がどっと吹き込んできた。このため、頭髪はザンバラになり、口内に砂が入りこんだ。すぐに二人がかりで戸を閉めた。

一分ぐらい後に、二人は東寄りの別の引き戸から外に出た。今度は熱風が吹き込むことはなく、簡単に戸外に出られた。S夫人は、適当な履き物がなかなか見付からず、ハイヒールを履いて戸外に出た。灰の中に踏み込んだ感触はあったが、一五mくらい歩いたところで、はじめて足元の熱さに気付いた（注このためにS夫人は火傷を負い、三週間以上入院された）。S氏は、戸外へ踏み出す時、海水浴場で熱い砂浜へ踏み込むような熱気を感じた。

あたりは薪がくすぶっているような臭いがした。南および西隣の家屋は燃焼中で、すでに骨組みが落ちかけていた。この時点で、S夫妻の宅地内にある、和風二階建ての住居や鉄骨造の展示場（作業場）などを含む数棟の建物は、最西端の建物を除いて、発火していなかった。建物の南側の庭に車（日産サニーバン）が停めてあったが、S氏はそのフロントバンパーの端のプラスチックが融けて垂れ下がっているのを見て、反射的にその車で逃げることを断念した。

S夫妻は、同居している三名の方々と一緒に、薄く積もった（厚さ三cmくらいか？）灰を踏んで、南へ向かって車道の方へ歩いていった。この時、火傷を負った男の人が一人、直立不動の姿勢でふらふらと北側車庫の方から私道を下りてきた。人相がわからぬくらい焼けただれていて、目だけギョロギョロしていた。声をかけても返事をしなかった。ワゴン車が下から（東から）上がってきてTターンをしているのに気付いて、大声で何度も「助けて…」と呼ぶと、気が付いて車はバックしてきた。火傷を負った男の人は、運転者に「シンゴ（運転者の名前）」とだけ言った。この人はその運転者と同僚の消防団員で、当時北上木場農業研修所（注　以下、研修所）に詰めていたはずであった。この人は、助けられながらも自分で助手席に乗ったが、入院後翌四日、被災一八時間後に殉職された。

ワゴン車は車道を下ったが、筒野バス停の横の家の前の路上に火傷を負った警察官の制服姿の男が一人倒れていた。足をばたばたしてもがいていた。（この警察官は、当時研修所の前のパトカーの中かその側にいたはずであったことが、後に判明した。）重度の火傷を負っていたが、「苦しい、熱い、水を…」と言うだけの意識はあった。洋服が焼け焦げていた。この警察官は入院後翌四日、被災二三時間後に殉職された。

ワゴン車は国道五七号線まで下ったが、あたりは大変な騒ぎで、大渋滞である。第五小学校の消防分署まで行き、ちょうど出動しようとしていた消防車に依頼して、サイレンを鳴らしながら先導してもらい、島原温泉病院へ直行した。到着患者の第一号であった。この時S夫人ははじめて、足に火傷を負っていることに気が付いた。

○B氏の証言

B氏は島原市消防団一三分団の二所属の消防団員として、六月三日当日、土石流警戒のため現地付近におられた。当日は昼頃まで雨が降っていたが昼過ぎには止み、土石流の警戒要員の数が四人に減らされた。そうでなかったら犠牲者はもっと多かっただろう。

B氏の警戒区域は、眉山の南東麓にあたる白谷、仁田、札の元、天神元地区の四町内であり、詰め所は天満宮の位置（新天とも呼ぶ）であったが、一五時五六分頃比較的規模の大きな火砕流が発生した後、北上木場農業研修所まで自動車を運転して、同僚（F氏）と二人で様子を見に行った。この頃研修所前には数台のテレビカメラが待機し、かなりの人数が路上にいた。この位置からはドームや火砕流の映像を撮るのによい場所であり、関係者の間では「定点」と呼ばれていた。当時は普賢岳の方向は霧がかかったように見え、噴火の様子はよくわからなかった。

研修所の前にはすでに車が三台くらい並んでいたので、B氏は車をもっとも奥の道端に駐車した。着いてから数分くらい経って突然樹木を押し倒すような音が聞こえてきた。（グオー、バキバキというような）その音はこれまでの火砕流の音とは違うようであり、土石流の大きい奴が来たのかな、などとお互いに話していた。土石流なら持ち場へ帰らねばと考え、山向きに停めてあった車を転回させてから同僚へ声を掛け、乗せて走りだした。すぐに道が左へ折れるのでそこで左（北側）を見ると、ちょっと高くなっている研修所から東の方向（山と反対の方向）へ何人かが飛び下り、逃げるように駆け出すのが見えた。さらに五〇m走って眉山焼き（前出、S夫妻の居所）の右カーブで右を振り返ると（山の方を見ると）、研修所の方から二、三人こちらへ向かって走ってくるのが見えた。山の方向に家の数倍の高さの黒雲が津波のようにかぶさってくるのが見えた。「もう逃げきらん。だめだ!! 死ぬのか…」と思った。

フルスピードで道を下り、筒野のバス停まで一気に来た。そこに数名が立っていたので「逃げんか！」と怒鳴った。（これを聞いて皆、道端北側の家の中に入り、助かったとのことである。）車が筒野のバス停を少し過ぎたところで、黒煙がかぶさるように追いついてきた。車はこの時猛スピードで走っていたが、雹が降るようなザーッという音がして、小石のようなものが当たるのを感じるとともに、鈍いショックを受け車体が後ろから押されたように感じた。周囲は一瞬真っ暗になったが逃げねばと思い、とにかく勘で運転し走り続けた。

その車の中で助手席の同僚が「暗やみでなあんも見えんとばー、走ってどうするとか」と言ったが、自分は「どうせ死ぬとば、よかろもん（どうせ死ぬのだから、いいではないか）」と言ってそのまま運転した。（この道はいつも運転し慣れているので、適当に見当を付けて走った。）それでも一度石垣にドーンとぶつけたが、とにかく走った。

途中後ろの窓ガラスの中心部が吹き破られて、車内に砂まじりの熱風が進入した。後部ガラスの中心部三〇cm×二〇cmが破られ、破片は車内に飛散していた。この直前までは車のすべての窓は閉じられていて、エアコンが掛かっている状態であった。目の前のフロントガラスに、小指の先かそれより小さいくらいの大きさの、赤く光った小石がバチバチ当たっているのが見えた。

熱気を感じ、息苦しくなって頭の中が真っ暗になり、自分の対応能力がほとんど限界に来たと感じていた。だんだん意識が遠のいていくような感じで、しばらく頭を抱えるような姿勢でハンドルの上に覆い被さっていた。（考える時間が長く感じた。）死んだと思っていたら、いつのまにか目が開いて、助手席の同僚に「助かったばなあい」と言った。（無意識にブレーキを踏み停止していたので、われながらびっくりした。）

車から煙と焦げる臭いがしていたので、車から飛び出して逃げたが、同僚が来ないのに気付き、慌てて車に戻って助手席の下にうずくまっていた同僚に「何してん。車を置いて走って逃げるぞ」と言った。そしたら「腰がはさまれてとれん」と言うので、それを助けて二人で二〇～三〇m走って逃げたが、もう大きな火砕流は来ないと思い、また車を取りに走って戻り、乗って逃げる中、「おいたちがあれだけ熱かったんやけんか、上にいる同僚たちは助かっとらんばい」と言いながら、新天公民館の車庫まで逃げ延びて、やっと安心した。

車庫に戻ったら消防車が行き違いに登っていき、火傷している人を救護してきた。火傷している人を見たら、誰が誰かわからなかったが、まだ元気で話も交わした。あたりは一面灰だらけで、路上には二cmくらいの厚さに積もっていたと思う。まわり全体が暖かかった。

その後は負傷者の救援作業に加わって働いた。怪我をした人々は国道五七号の小鉢石油安中給油所の隣の空き地に集められ、そこから救急車などで病院へ送られていった。

車の窓の上部の樋はプラスチック製だが、熱で変形していた。外面の塗装には石の当たったところに点々と疵が付いていた。内部のシートはビニール張りで、焼け石が張りついていた。

研修所のあたりにいた人々が後方（東方）へ飛び降りて逃げようとしたことは前に述べたが、翌日自衛隊が遺体収容に入った時には、全員（五名）がまた研修所の前の道路付近で倒れていたとのことである。おそらく火傷を負ったあとも、余力があって助けを待つために自力で道路まで戻ったのだと思われる。

B氏も首の後ろに軽度の火傷を負っていることがわかった。衣服で覆われていた部分は火傷を受けなかった。

○H氏の証言
H氏は農業でたばこを栽培しておられ、氏の自宅は前出のS家の西北西約二〇〇mのところにある。水無川から北へ約五〇m行ったところで、少し高台になっている。家は木造二階建てで、玄関は南東に面している。

六月三日は、避難していた娘さん宅を一〇時頃出て、軽トラックを運転して自宅に戻った。午前中は畑を見回り、昼過ぎは家の中の整理をして大事なもの（書類や戦死した兄の写真や遺品など）をトラックに積み込む準備をしていた。暖かいから半袖姿でいた。

一六時頃になり、そろそろ帰ろうかと家を出ようと思った矢先、家の外でドーンと、ガラス窓がぶるぶると揺れるような大きな音がした。様子を見ようとして、玄関の引き戸を五〇cmくらい開けたところ、とたんに外から熱風が吹き込んできた。（玄関は間口四mあり、一枚のガラス引き戸はサッシュ製で二mの幅がある。）吹き込んできたものは真っ黒な煙で、同時にバラバラという音がした。今から思うと、砂と煙が混ざったものが入ってきたのではないかと思う。自分の体は半身になっていたが、ちょっとあとずさりして煙と正対し、そのまま押し倒されるようにかなり後退して、上がり框《かまち》へしりもちをつくように座ってしまった。玄関の土間は奥行二mはあり、入ってきた黒煙に押し戻されるような形になったが、頭は打たなかった。額にパラパラと当たるものを感じた。小石というより砂という感じだった。押し倒されたのだが、急激にバタンと後ろへ倒れたのではなく、もっとゆっくりとした感じだった。半袖であったため、両腕に火傷を負った。主として右手の外側と左手の内側の火傷がひどく、あとで皮膚がはがれた。

二階でバリバリと窓ガラスの割れる音がしたので振り返ると、階段を伝って渦を巻きながら、二階から真っ黒な煙が降りてきた。（ドサーッと落ちてくる感じ。高速道路を車で走った以上の速さと感じた。）途端に真っ暗になった。一瞬駄目かと思ったが、家の中の様子は微かに見える。左方に続く縁側を通してみると、家の外（東側？）は明るかった。この間、外で音がしたかどうか覚えていない。強い臭いはしなかったが、何かツーンという感じがした。これが何だったかわからない。二階から降りてきた黒煙によって、再び火傷を負ったらしい。腹は前と脇腹がやられ、あとで皮膚が剥けた。額、手にバラバラと砂が当たるのを感じた。ちょっと息苦しい感じがした。

起き上がって、明るかった方向へ向かって、縁側の隅（玄関土間の左手の縁側の奥）まで走っていった。そこに毛布があることを知っていた。毛布を頭からかぶって縁側の隅にしゃがんだ。毛布で口や頬を覆った。どのくらいうずくまっていたかわからないが、逃げなければいけないという思いに駆られた。外をうかがうと、南の方（深江町の方向）が明るくなっているように感じられた。これなら逃げきれるかなと思い、玄関から脱出した。

履物を履く余裕はなかった。裸足と気付いた時はもう遅かった。家の正面（東）の方向に走るつもりだった。黒い煙であたりがよく見えず、研修所（家から北東方へ約五〇m離れたところにある）が真っ赤に燃え上がっていた。背景は黒煙のように見えた。研修所の方に逃げるのは駄目だと思い、西の方へ逃げた。

家の裏手の細道をたどって、川岸の道路へ出た。この細道には二〇cmくらい灰が積もっていた。そこを進むと、ドブドブという感触であったが、最初の二、三歩で「熱いっ」と感じた。足の甲と裏が熱くてたまらないが、それでも走らないと死ぬという恐怖に駆られて、爪先立って走った。直径二〇cmくらいの木が二本倒れていたので、その上に登って足を冷やし、また灰の中を走った。細道の西側には高さ二mくらいの石垣があり、その上に植込があった。石垣に沿って、灰の吹きだまりがあった。川端の道では堆積した灰の厚さはやや少なかった。水無川を渡った。水は大して深くなく、火傷でピリピリ痛む足と腕を漬けて冷やした。自分以外にも人がいたような気がする。

段々を駆け登り山下酒屋の前を通ったが、この時点では燃えていなかった。（その後焼失した？）この辺りにはもう灰が厚く積もっているようなことはなかった。振り返ってみると、Gさん宅（H氏の隣家）が突然発火した。まるでガソリンをかけて火を点けたように、住居が爆発的に発火し、次に隣に密接している小屋が燃え出した（注　いわゆる、フラッシュオーバーと呼ばれる現象と思われる）。自分の家はまだ燃えていないようであった。翌日（四日）一〇時（および昼?）のテレビで自宅が燃えているのを見た。この時は、自分の家だけが燃えていた。おそらく火砕流が襲った時からかなり後で燃えたのではなかろうか。

深江町大野木場には、自分の娘が嫁いだ家がある。自宅から六〇〇～七〇〇mくらい離れている。その家まで頑張るのだと自分に言い聞かせながら、畑や石垣を伝って走ってたどりついたが、玄関が閉まっており、すでに皆避難しているようだった。さらに二〇〇mくらい離れた大野木場小学校の方へ向かったが、その途中でトラックが来たので、助けてください、火砕流で火傷したと言って乗せてもらった。消防団員の人が運転していたので、消防団詰め所まで連れていってもらい、そこで救急車が呼ばれた。

ああ助かったと思ったら、張り詰めていた気が抜けていくようだった。救急車が来るまで長い時間に思えた。隊員（救急）の人や団員（消防）の人々によって車に乗せてもらい、隊員の人から、住所・名前・年齢を聞かれてはっきりと答えた。それは無線連絡され、「意識はしっかりしている、大丈夫だ…」と報告されていたように記憶している。病院に着くまで長く感じた。病院に収容された時、九死に一生とはこのことだと感じた。着いた後、家族や親戚・近所の人々が心配して見舞に来てくれた。

○K氏の証言

K氏は当時南上木場町甲に住まわれ、養鶏業をされていた。K氏の自宅地域は避難勧告地域に指定されていたので、夜は第五小学校に避難し、朝食後、そこから各自日中は仕事に出かけるという生活パターンであった。

三日は朝から小雨で、鶏舎で作業。一四時頃に、消防団の勤務を終えた息子さんが加わった。一六時時点で、K氏と夫人は同じ鶏舎におり、弟さんと息子さんは道路をはさんで北側の別の鶏舎にいた。（電気は点けていなかった。）一六時一五分頃、隣人の車が猛スピードで道路を下るのに、鶏舎にいた夫人が気付き、不審に思って鶏舎から外の道路へ出た。火砕流に気付き、仰天してご主人へ呼びかけた。K氏は鶏へ餌をやっていたが、鶏舎の外へ出た途端に、ドーン（パーン、ゴーッ、ヒュー、パチパチ）というような音がして、眉山の方へ黒煙が流れているのを見た。黒煙の中に、茶褐色のもくもくした塊が（噴煙様のもの？）ものすごいスピード（時速数十キロメートルよりも速い？）で流れていた。北側は真っ暗だが、大野木場の方は明るかった。黒雲は頭上まで広がったが、火のような色は見えず、石が飛ぶのも見えなかった。降灰にも気付かなかったが、後で顔が真っ黒になっていたので、幾分かの灰が降ったのだろう。

山が爆発したのだと思った。道路をへだてて北側にある別の鶏舎の中に弟と息子がいるので、「逃げるぞ…」と呼びに行った。鶏舎は密閉度が高いので、中にいると外の様子はほとんどわからない。二人は何があったのかという顔つきで出てきたが、真っ青になった。四人が二台の車に分乗して、南東を指して下った（そちらの方が明るかったので）。自宅に寄り、位牌を取って再び車に乗り、上木場橋を渡って、登ったところで一時車を止めて振り返った。この時、はじめから一〇分くらい経っていただろう。

目に入る光景に二度びっくりした。北上木場の農業研修所が勢いよく燃え上がり、炎が立ち昇っていた。背景が真っ暗な中に、一軒ずつ二軒の家が爆発するように発火した。蛍が光るようだった。前景になる水無川沿いに蒸気かガスのようなものが、青白く白っぽい煙の幕のように立ち昇り、なびいて山の方に吹き付けているのが見えた。背景は黒一面であった。

大野木場小学校の前を通る道路まで来たら、町内の人が一〇人以上、心配そうに見ていた。上木場は全焼中であることを機動隊員に知らせた。国道五七号へ出て避難しようとしたが、島原方向は大渋滞であった。K氏の息子さんは、昼まで消防団として農業研修所に詰めていて、午後になって交代して帰宅していたため、命拾いをした。(後略)

目撃者の証言から推論される被害の状況

これらの証言は、地理的にほぼ北から南へ順を追って記述してある。M氏は眉山南斜面にあるNHKの無線中継所(島原TVサテ)で火砕サージに遭遇したが、この地点は熱風による焼損域のさらに外側に相当する。実際には黒雲の到達により一五秒間暗黒化し、砂などが当たる音がして、約五㎜の火山灰が堆積した。しかし「数分後に車外へ出るとムッとして生暖かく感じ」た程度で、焼損の被害はなかった。

S夫妻、H氏ともに、サージ域の縁近くに位置していたため、家屋はサージに一撃されても破壊されず、最初の一〜二分間をほぼ密閉された屋内で過ごしたため、重い火傷を負うことはなかった。両方のケースとも、少なくとも数分間は、家屋は発火もしなかった。しかし、その後おそらく数十分以内には全焼していたらしい。近隣の家屋はすぐに発火しているものが多く、紙一重の差であったと言えよう。火砕サージ域のもっとも外側から内部へ一〇〇～二〇〇mの範囲では、木造家屋でも数分以内では発火しない場合があることがわかる。しかし火砕サージ域の外縁部では、最終的な焼失家屋と非焼失家屋の分布が入り交じっているところがある（島原市役所資料）ことから見ても、発火・非発火の区別は空間的なファクター以外の多くの要素に支配されるであろうことは想像に難くない。火砕サージ域の最外縁から二〇〇m以上も内部では、木造家屋の発火率は一〇〇％であろう。

B氏の場合も、サージに追い付かれた地点は筒野のバス停を過ぎたところであるから、S夫妻、H氏がおられた家屋よりも数十m下流であり、サージ域の外といってもよい場所である。このあたりでは、吹き倒された立ち木もあまり認められない。B氏の車の後ろ窓が破られたが、幸いにも吹き込んだ砂粒の量は多くなく、軽度の火傷で済んだ。

K氏の証言は、焼損域の外で火砕流の影響がほとんどない場所からの観察・体験の記述である。しかし、見晴らしの良好な南側からの観察は貴重なので、ここに収録した。火砕流が襲ってから数分から一〇分経過した後でも、「家が爆発するように発火した」とか「家が次から次にマッチを擦るように、ボッと火がつくのが見えた」との証言から、最外側の家屋のフラッシュオーバー現象であることがよく理解される。

火砕流の本体はいざ知らず、縁辺部の火砕サージの部分では、火傷は負うが、死に至らない場合があることは確かである。木造であっても、二～三分間は、発火しないでいる場合があるらしいから、そのような場合には、サージの最初の一撃をやり過ごしたら（一瞬の暗黒の後、明るくなったら）、すぐに屋外に脱出して、明るい方向に向かって（火砕流から離れる方向に向かって）、全力で逃げるというのが、最善の方法であろう。靴を履くとか、着衣に気を付けるとか、いろいろな注意点はあるだろうが、やはり速やかに脱出することが肝要であろう。インドネシアなどでも、火砕サージの領域から生還した例が記録されているが、やはり屋内か遮蔽物の陰にいた場合が多いようである。

第15章　大都市のそばの火山——イタリアの火山と防災

カンピフレグレイカルデラの脅威

一九八九年の伊東沖海底噴火の後に、当時の伊東市長、芹沢昭三氏の要請で、イタリアでの火山防災についての行政施策の調査のために、氏に同行してナポリ市庁を訪れたことがあった。一九九〇年二月であった。伊東沖海底噴火は、伊東市の沖、わずか三㎞離れた浅い海底で起きた噴火であり、伊豆半島地域では、約二七〇〇年ぶりに起きた火山噴火であった。伊東市民の目の前で起きたこの噴火は、市民に強い衝撃を与え、噴火が伊東市内で起きたらどうしようかという恐怖につながっていったのである。

火山防災対策の必要性を痛感された芹沢市長から、海外を含めて、同じような危機を体験した地域、ないし自治体があったら訪れてみたいという要請を受けて、それならイタリアのナポリ地域はいかがでしょうか、ということになった。

ナポリの西郊外にあるポッツオーリという町（第5章で述べたセラピオ神殿遺跡のある町）で、一九八三年から一九八四年にかけて、激しい群発地震と隆起変動が起きて、市民が緊急に避難した事件があった。ポッツオーリは巨大なカンピフレグレイカルデラの中にあり、そこを中心として激しい群発地震とともに、土地の急激な隆起が起きたのであった。そのために多くの石造建築物が損傷し、危険な状態となった。

多くの学者は、カルデラ内に起きた火山活動だと考えたが、最終的に噴火は起きなかった。火山学者がひそかに（あるいは公然と）恐れたシナリオは、三万年前に起きたような大噴火が、再びカルデラ内で起きて、カンピフレグレイ一帯はおろか、ナポリ市を含めるカンパニア地方全体が壊滅状態になるというものであった。カンピフレグレイとは、ギリシャ語で、「燃え盛る平原」という意味である（図15-1）。

この時の地震と地殻変動により、ギリシャ時代からの町であるポッツオーリの旧市街は特にひどく破壊され、住民は急遽避難することを余儀なくされた。漁業を職業としていた多くのポッツオーリ市民たちは、新しくつくられた集合住宅に何年間も移住せねばならなかったが、漁港からあまりにも離れたところに住むことの不便に耐えかねて、多くの住民が非合法に旧市街に舞い戻って住むようになり、当局との間で軋轢が絶えない状態となった。

私が芹沢市長とともにポッツオーリを訪れた時も、まだその時の混乱が残っていたようだった。わ

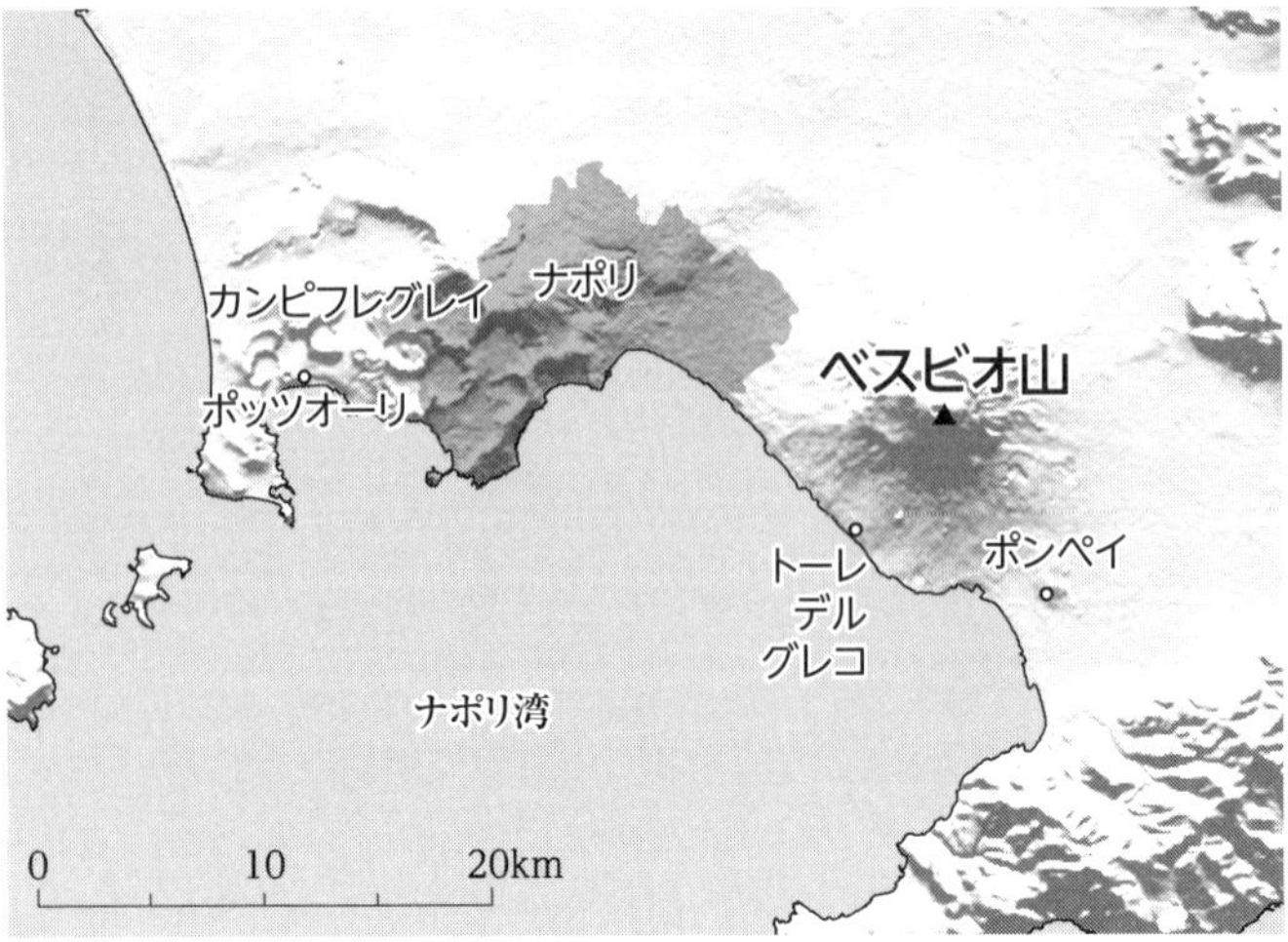

図 15-1　カンピフレグレイとナポリ，ベスビオ火山

れわれが現地の役所に連れていかれた時、入り口に大勢の女性が押しかけていて、一見険悪な雰囲気であった。市の役人が、「この人たちは、はるばる日本から来て、ポッツオーリの災害についての話を聞きに来たのだから、邪魔しないで通してくれ」と言うと、彼女たちは、「そんな事情なら、ぜひ日本人にもわれわれがいかに悲惨な状況にあるかということを説明してくれ。火山国から来た彼らはきっとわかってくれる」と、職員に激しくつめよったものだった。たじたじとなっている職員たち（男性）に食って掛かる女性軍の迫力はものすごくて、私たち局外者（？）にも、社会問題となっている自然災害の深刻さが痛いほど感じられたのであった。

この時の経験などを踏まえて、ナポリ市当局は、かなりの熱意と努力を傾けて、将来起こるかもしれない大規模な火山災害に対処するための防災計画を策定した（あるいは、策定しようとした、と言うべきかもしれない）。噴火のシナリオや予想される被害の想定などは、火山学の知識を活用して、とりあえず見事にまとめられてはいたが、それでは人口三〇〇万の大ナポリ圏の避難・防災対策は具体的にどのようになるかとの問いに対しては、あまりにも大きな災害が予想されるので、現時点では有効な対策を立てることが不可能であるという返事であった。その答えを聞いてがっかりする芹沢氏の横顔を今でも思い出すことができる。

火山災害に対する防災計画を、特に大規模災害に関しては、事前に策定することがほとんど不可能なくらい困難であることは、イタリアでも日本でも、地球上のどの国でも同じであると思う。そのうちで、ナポリ市の防災計画がそれに当たると言えようが、山麓にかかえる人口密集地の大きさから見れば、ナポリ～ベスビオ地域の方が困難性がはるかに大きいと言えるだろう。

この地域はローマ帝国時代以前から文明が栄え、国境を越えて多くの知識人を引きつけてきた場所である。近世にかけては、風光明媚で気候温暖な南イタリアは、一年の大部分を通じて暗くて寒い天候にうんざりしている北ヨーロッパの人々の限りない憧れの地でもあった。火山学発祥の地であり、西欧精神の心のふるさとともに言えるこの地域に、世界中の火山防災関係者の注意が集まってもおかしくはない。

ナポリの悩み――第二のポンペイをいかにして避けるか

一九九四年六月一五日から一七日にかけて、イタリア、ナポリの南東に接するトーレデルグレコ市で開催された会議に参加した。これは、市のすぐ北にそびえるベスビオ火山が西暦一七九四年に噴火し、それ以来二〇〇年経ったことを記念して開かれたものである。

トーレデルグレコ市は人口三〇〇万のナポリ市のベッドタウンにもなっていて、風光明媚なナポリ湾に面しており、私のような外来者には、人々がきわめて優雅で便利な生活を送っているように見える。この辺りに住むナポリ大学の教授の家に招かれたことがあるが、日本の大学教授の生活水準から見るとはるかに豪華で広々として、住むのにいかにも快適そうな住居（マンション）であった。個人の生活環境を快適にし、人生をエンジョイして過ごすためには、イタリア人がなみなみならぬ情熱を傾け、投資を行っていることを知り、感銘を受けたものであった。

現在、日本の観光客がナポリに対して持つ印象と言えば、雑然と騒々しく、薄汚れた建物のあいだを汚いみなりの子供たちが走り回るというようなところであり、なによりも治安が悪くてよほど注意しないとスリや強盗の被害に遭う…といったものであろう。しかしそのような見栄えのしない外見の都市に勤めているサラリーマンたちは、彼らの自宅では見違えるように清潔で快適な生活空間をエンジョイしていることが多いことを知る必要がある。

日本の事情は、ある意味、この逆であり、個人レベルの生活は、いまだに兎小屋的環境から脱しきれないという思いが私に強い衝撃を与えたのであった。「ナポリを見て死ね」というほどの思いをもった先人には及ばない気がするが、私も、うす靄にかすむ夕焼けのナポリ湾の彼方にそびえるベスビオ火山のシルエットを見て、その美しさにあらためて感銘を受けたのであった。

しかし、どんなパラダイスにも悩みがある。ナポリ市とベスビオ火山をとりまくベッドタウンは、近い将来に必ず起きるであろう大噴火の危険にさらされているという問題を抱えているのである。前に述べたカンピフレグレイはナポリ市の西部を含み、さらにその西方に広がるカルデラであるから、ナポリ市を含み、その東方に接するベスビオ火山を含む一帯として、巨大な火山性危険地帯を形成しているると言えるのである。

ベスビオ火山の噴火

よく知られているように、ベスビオ火山（英語ではヴェスーヴィアスと発音する）は世界有数の活火山であり、西暦七九年には特別に激しい大噴火をした。当時はローマ帝国の栄華を誇っていた時代であったが、ベスビオ火山の南東麓にあった都市ポンペイは、この噴火により壊滅的な損害を被った。全市は厚さ数メートルの軽石の堆積物に覆われ、その後数世紀のあいだ忘れられていたが、中世になってその廃墟が再発見され、当時の住居や生活用具・美術品などが、ほぼ無傷で多数発掘された。このため、ローマ時代の人々の日常の生活がそのまま再現されるような数多くの貴重な資料が得られたと言う。

英国の政治家であり、作家でもあったリットン卿が書いた小説『ポンペイ最後の日』の名前を知っている人は少なくないであろう。だいぶ前だが同名の映画を見た記憶がある。ベスビオ火山が大噴火をはじめて溶岩がすさまじい勢いで流れてくる中を、人々が逃げまどうという場面があった。実はこの時の噴火の詳細は意外によくわかっていて、溶岩などは全然流れてこなかったことが確かなのである。

ポンペイが壊滅したのは、空から軽石が大量に降ってきて町全体が埋まってしまったためであった。噴火は二四時間ほどで終わったが、その間に数メートルの厚さに堆積した軽石の熱で家屋の木造部分は全焼した。しかし、壁は煉瓦と泥で作られていたのでそのまま残り、多くの壁画や美術品も無傷で残された。

当時のポンペイの全人口は二万人くらいと推定されるが、そのうち約二千人の遺体が発見されたと言う。ということは、九〇%の住民は逃げおおせたということになる。これは驚くに当たらないことで、せいぜいこぶし大の軽石が降ってきても致命傷を受けることはないし、二四時間で数メートル積もるという堆積の速度では、その間に町から脱出することも可能であっただろうと推測されるのである。

しかし、死者が予想外に少なかったとはいえ、これは大変な天変地異であったに相違ない。この時は北西から風が吹いていたので、軽石は主に南東山麓に厚く積もり、現在のナポリ市街にはほとんど積もらなかった。しかし、ベスビオ火山を中心とした数百ないし千平方キロメートルの地域が火山噴出物によって埋められ荒廃し、当時のローマ文明の中心の一つであったこの地域が壊滅的打撃を受けたであろうことは想像に難くない。

当時のローマ艦隊の司令官であり、同時に高名な博物学者・政治家でもあった老プリニウスが、被災地の救援に艦隊を率いて駆けつけ、野営中に思いがけずも落命したという事実は、ローマ帝国の指導者のあいだに強い衝撃を与えた事件だったに相違ない。その後数世紀はベスビオ火山についての記述がほとんど残っていないが、これは専門家によると、その地域一帯が荒廃しそれまで栄えていた高度の文化が消滅したためであろうという。いずれにせよ、ベスビオ火山の大噴火は老プリニウスの死の記録とともに、彼の甥の小プリニウスによって後世に書き残された。その記述が火山噴火の最初の学問的な文献となって、現在われわれ人類の知的財産となっているのである。

ベスビオ火山はその後も頻繁に噴火を繰り返し、現在に至っているのであるが、その間のはじめの一五〇〇年間くらいは比較的噴火の間隔が長かったようである。記録がよく残っている西暦一六三一年以降、一九四四年までは、ベスビオ火山はほとんど連続的に活動状態にあったことがわかっている。この間、噴火が停止するのはせいぜい数年間で、あとは比較的穏やかな爆発的噴火と溶岩流出を繰り返していた。最後の噴火は一九四四年で、山頂付近から溶岩が噴出し、南側と西側の斜面を流下した。この噴火は中程度の規模のものであったが、その後火山は劇的に静かになり、現在（二〇二一年）に至るまでまったく噴火していない。つまり七六年間以上活動を停止しているわけだが、このようなことは一六三一年以来はじめてのことである。現在では高感度の地震計が火山斜面や裾野一帯に多数取り付けられているので、人間が感じないような微小な地震も検出することができる。それでも、われわれの同業者であるイタリアの火山研究者の言葉を借りると、「死んだように静か」になってしまったのである。

この状態が長く続けば続くほど、火山学者たちの不安ないし苛立ちは強まっていくわけであるが、その理由は二つある。一つは火山周辺に住む人々が過去の噴火の恐ろしさを忘れてしまうことである。いま七〇歳、いや八〇歳以下の人々は実際の噴火を体験した記憶を持っていないし、親や祖父母から話を聞いて得る「再体験」のチャンスもどんどん少なくなってゆく。第二は噴火の休止期間が長くなればなるほど、その次に起きる噴火の激しさが増大する可能性があることである。このことは過去の多くの事例が示している事実である。

この二つの特徴は必ずしもベスビオ火山に限ったことではなく、日本の多くの火山にも当てはまると思われる。浅間山は昭和のはじめから昭和三〇年（一九五五年）頃までは、小規模ないし中規模の噴火を頻繁に繰り返したが、それ以後現在まで静かで、かれこれ六〇年以上も眠っている状態である。いま軽井沢をはじめ浅間山周辺の別荘を訪れる人々の大半は浅間山の噴火を体験していない。もし今、浅間山が突然噴火したら、別荘族の人々は相当に混乱し、恐怖を抱くのではなかろうか。

恐怖と混乱は未知の現象に出会うとき著しく増幅される。たとえ一回でも実地に体験していれば、パニックになる確率はきわめて低くなるものである。数十年そして数百年活動していない火山は日本にたくさんある。雲仙普賢岳は二〇〇年間休眠した後に噴火した。富士山は今から三〇〇年前に大噴火したが、その後眠り続けている。

というわけで、ベスビオ火山の麓にあるトーレデルグレコ市の人たちが将来の噴火を心配して、話し合いの集会を企画したのは、私にとって大いに関心をそそられることであった。彼らが私に、日本ではどうなっているのか話してくれと依頼してきたので、もちろん二つ返事でいそいそと（?）出掛けていったのである。

トーレデルグレコの会議

トーレデルグレコ市は人口八万五千、ベスビオ火山の南西麓の海岸線に沿って細長く延びた人口密集地帯がその中心部である。ベスビオ火山の噴火口から南へわずか六kmの距離である。「ギリシャの塔」というその名からわかるように、古くはギリシャ人の植民地であった。

市街には一八世紀末に立てられた石造の建物が密集しているが、これらは一七九四年の噴火の際に町の大部分が溶岩流に埋められたあと、その上に建てられたものである。溶岩は町のすぐ山手に生じた割れ目火口から大量に噴出し、短時間で町を覆いつくした。市のシンボルであった塔や多くの教会堂の一階から二階の部分が溶岩によって埋められ、多くの建物が破壊された。溶岩流のかなりの部分は、海岸に達して海中に流れ込んだ。現在の海岸線に沿って、溶岩の新鮮な断面がよく観察される。

現在のトーレデルグレコ市は、この二〇〇年前の溶岩流の分布にはお構いなしに、その全部を覆いつくして、海岸からベスビオ火山の中腹へと這い上がるように家が建っている。厚ぼったい石造の壁がひしめき合う狭い通りには自動車があふれ、私があてがわれたすばらしく美しいホテルから、会議場までのわずか一kmくらいの距離を車で行くのに、三〇分以上かかる始末であった。

会場はこじんまりとしていて、古くさい建物の外観とは裏腹に、内部は近代的で快適であった。会議は足かけ三日間にわたり、専門家による講演会や公開討論会、史料の展示、パレードと盛りだくさんであったが、私は講演会と討論会にだけ出席して、町を離れた。当然だが、会議は徹頭徹尾イタリア語で行われた。参加者中ただ一人の外国人である私のために、市当局は英語の通訳を雇って、ずっと付き添わせてくれた。

この会議を傍聴して明らかになったことは、もしベスビオ火山が大噴火した時には、住民の避難を含めて、災害に対して打つ手がほとんどないということであった。会議に出席していたイタリア人の火山研究者の誰彼に尋ねても、同じ専門家同志という気安さもあるだろうが、「まったくどうしようもないさ」と両手を広げ、肩をすくめてみせるのであった。

第一の問題は、日常的な交通渋滞である。非常事態になれば、何倍もの車がわれ勝ちに脱出しようとするだろう。このコントロールだけでも不可能事である。第二に、建築物の過密状態がある。避難道路のようなものを新設するには、すでにあまりにも建て込んでいて、余地はまったくない。

二、三本ある土石流のための導水路を見せてもらったが、どういうわけか、水路の内部にちらほらと小さな家が建っている。市役所の人の説明では、非合法建築物とのことである。防災を日的とした市街地計画（線引き）も存在するらしいが、「誰も守ろうとしない」「リッチな、影響力のある人々が率先して法律を無視すればどうしようもない…」と自嘲するように言われたが、それが具体的にどのようなことなのかをくわしく問いただすことが、はばかられるような響きがあった。とにかく、日本のように、いとも簡単に、基準法を守る、守らせるということが、ここでは至難のことのようであった。

そもそも、ベスビオ火山はナポリ湾の東側にそびえているが、湾の北部は広大なナポリ市街が占め、その家並みが湾岸に沿ってずっと東から南東方向へ連なっている。それで、トーレデルグレコ市を含むナポリ湾の東岸地域は、後ろにベスビオ火山を背負う形で、狭い帯状に混み合った市街が海岸に沿ってへばりつく状況になっているのである。この帯状地帯を車でナポリからやってくるのは、切れ目のない渋滞の列に埋まって絶望的なドライブとなる。有料の高速道路が一本あるのだが、それへの取付け道路が狭く、高速道への流入・流出が大変なネックになる。最低限、強力な交通規制と指導が必要となるが、これがお国柄、はなはだ心許ない。

人口八万五千人のトーレデルグレコ市だけでこの有様だが、ベスビオ火山が本格的に活動し出したら、直ちに避難しなければならない住民は六〇～七〇万人と試算されている。多くの市町村が有機的に協力し合い、能率的な避難計画をまとめる必要があるのである。イタリア人は、彼らの先輩であるミケランジェロやダビンチのように、天才的な閃きを示す国民である。しかし団結して一糸乱れぬ共同作業を行うのはもっとも苦手とするところのようである。そこで、当事者であるイタリアの火山研究者たちから「まったくお手上げ」というコメントが発せられることになるのだと理解した。

市民との討論会

しかし、夕食後に行われた市民との対話集会には心を打たれた。街中の、中くらいの大きさの映画劇場のようなところで、それは行われたが、大勢の市民が詰めかけた。パネルディスカッションの形で、壇上にはベスビオ火山観測所の所長、ナポリ大学の教授、市の防災担当者、その他の専門家が並び、簡潔な話題提起のあと、参加者から活発な発言が続いた。

イタリアの人は一般にジェスチャーが大袈裟で、立ち上がって派手な身振り手振りやら大声を出すやらで、大変騒がしい集会であった。隣に座っていて私に通訳をしてくれるはずの女性も、彼女自身が議論に引き込まれてしまって、夢中になって声を上げている始末で、私は肝心の論点がわからなくなる悔しさを味わった。発言の内容や言い回しはかなり攻撃的で、ときにはえげつないもののようであった。

隣の通訳女史によると、最悪なのは地域の新聞の編集者(記者の親玉)の発言であり、彼は明らかに政治的偏見を持っていて、火山観測所長やその背後にいる「グループ」を攻撃することが目的だという。火山観測所の所長は、チベッタ(Lucia Civetta)博士といって女性である。私は、彼女が若い時から知っていて、有能な研究者であるのだが、当夜は、「悪意のある攻撃(通訳女史の解説)」にさらされているうちに、彼女の顔は見る見る真っ赤になって、機関銃のような速さで反撃の言葉を繰り出した。新聞記者がそれにやり返し、第三、第四の発言者が割り込んできて、白熱状態になった。通訳女史に言わせると、「彼女なかなかやるわ」というわけで、論戦を大いに楽しんでいる気配であった。

日中に専門家たちがより冷静に議論したことと、基本的に同じ内容の議論であったらしかったのだが、一般市民（と一部政治的な分子？）が参加したために、大変生き生きとした場になったことに強い感銘を受けた。いつ襲ってくるかも知れない火山災害の危険と、それに充分対応できないでいる行政の現状について、責任の追及を含めて、きびしい議論が飛び交ったということらしい。日本とは何という違いか。

もっとも心を打たれたのは、チベッタ所長をはじめとして、学識経験者や行政の責任者が積極的に発言し、フロアからの声を真正面に受けとめて、事細かに解説し、反駁し、率直に事実を認めるという態度であった。これが西欧的近代精神かとも感じ入った。日本の官僚はこんなふうに市民と対峙することの経験がないし、そのような社会的風習もないというところだろうか。言葉が理解できなかったので買い被りかも知れないが、その夜の熱気は、東洋的文化、いや、近代日本の「民は由らしむべし、知らしむべからず」的文化の背景を持つ私に、強烈な印象を与えたことは確かである。

その後のイタリアの火山防災

近年の、イタリアにおける火山研究の進展には、目覚ましいものがある。主に、基礎的な研究に関しての感想であるが、最近の約三〇年間が、イタリアの火山学界にとって躍進の時であったことは確かである。たとえば、有名なベスビオ火山七九年の噴出物の詳細な研究、それに基づいた噴火モデル、マグマの性質に関する考察などは、世界に冠たる火山国日本の研究者にとっても、うらやましくもねたましいくらいの成果を挙げている。一方、すでに述べたように、火山の噴火災害を予防し、軽減する方策は遅々として進んでいない。これは日本でも例外ではないが。

第16章　ハザードマップと対策本部——有珠火山二〇〇〇年噴火

北大時代

東京大学で三三年間の研究生活を送ったのち、一九九一年三月に定年退職した。その後三年間、退職された勝井義雄教授の後の当座の穴埋めとして、北海道大学理学部地質学鉱物学教室で教授を務めた。東大では、学部ではなく、附置研究所である地震研究所に長く勤めていたので、大学院生との付き合いはあったが、学部学生の教育に携わったことはなかった。北大では三年間、学部学生ともたっぷり付き合うことになったが、大変愉快な経験であった。

全国を見渡しても、北大の学生はとりわけ山が好きな学生が多いようであった。卒業論文の発表会で、自分のフィールドワークの説明をするために、スライドを見せるのだが、雪山や氷の景色ばかりが出てきて、さっぱり岩石のスライドが出てこないというようなこともあった。その学生はとにかく雪山が大好きなようであった。学習指導として山登りになると、「これは授業である。登山競争ではない。俺より一歩でも先に行くやつは、撃ち殺すぞ！」と言い渡して、いざ出発すると、あっという間に学生どもは先に行ってしまう。私は学生たちについてゆけず、ふうふう言って、いつもビリで山頂に到達する羽目になった。

第14章で述べたように、北大への赴任直後に雲仙普賢岳の噴火がはじまったが、どういう訳か、北大での三年間は北海道の火山は噴火しなかった。

有珠山二〇〇〇年の噴火

一九七七年の噴火がはじまってから二三年後に、再び有珠火山が噴火した。北大有珠火山観測所の所長は、横山泉教授から岡田弘教授に交代していた。この岡田教授が二〇〇〇年の噴火の際には、大活躍をされるのである。

噴火の最初の兆候は、二〇〇〇年三月二七日の深夜に起きた複数回の小さな地震だった。地震の数は増えて、翌二八日の深夜からは有感地震が発生した。過去の経験から、有珠山で有感地震がはじまったら、まず確実に噴火へ至るとされていたから、岡田教授主導で気象庁は、警報に当たる火山情報を発表して、厳戒態勢に入った。

私自身は当時日本大学の文理学部に移っていたが、さる民放の依頼にこたえて、三〇日に札幌へ飛び、午後にはヘリコプターで有珠山の上空を飛んだ。翌日は、報道と別れ、レンタカーを借りて、有珠山北麓地域で発見されていた多くの地表割れ目を観察し、昼頃有珠山南方約八㎞にある伊達市役所へ着いた。ちょうど国土庁の連絡本部が開かれたところで、役所内はごった返していた。関係者には顔なじみの人が多かったので、やや強引に顔パスで対策本部に入り込み、一部始終の見学をはじめた。

国が作った連絡調整会議が立ち上がって、現地対策本部として急遽、伊達市役所の庁舎の三・四階の一部を借用することになった。私が市役所庁舎に乗り込んだ時は、ちょうど本部が立ち上がりつつある最中であり、あらゆる場所がごった返していた。伊達市役所の庁舎前の駐車場には、パラボラアンテナを屋上に装備した大型の車両がひしめいており、太いケーブルが多数、直接四階の窓から庁舎の中に引き入れられていた。作業服を着た男が庁舎の玄関に出てきて、「これから報道向けの会見をはじめます」と、大声で呼ばわった。記者に紛れて、四階の会議室に行くと、やはり作業服の、しかしかなり年配の人がマイクをもって進み出て、「只今、私、○○は、北海道、伊達市役所に開設されました、現地対策本部に到着いたしました。…」と、テレビカメラに向かって、大層思い入れたっぷりにしゃべり出した。対策本部長か何かの政府の偉い人だろうと、やっと納得がいった。

廊下の反対側の室がもっとも広いスペースで、実質的な対策本部と言ってよかった。国や北海道庁の役人をはじめ、市町村職員や自衛隊、JRやNTT、電力会社など、ライフライン関係まで、あらゆる現業担当者がごったに集まっていた。スペースがないので、多くの人は、立ったままであった。窓の外には有珠山が間近に見渡せ、ヘリコプターが飛び交っているのが見える。この部屋からは報道陣が締め出され、私は北大関係者として、勝井義雄名誉教授の後ろに隠れるようにして立っていた。

部屋の中央には大きな液晶ディスプレイがあり、（おそらく国交省地方整備局あるいは、北海道庁の）ヘリコプターからの実況映像が映し出されていた。その前には、有珠火山観測所長の岡田弘教授や、北大理学部宇井忠英教授、気象庁、国関係の担当者が陣取っていて、立っている多くの人々に取り囲まれていた。

「噴火だ！」という叫び声とともに、噴火は三月三一日一三時一〇分にはじまった（後で一三時〇七分に訂正された）。窓の外に見える、低い尾根の向こう側から灰白色の噴煙が立ち昇り、音は聞こえなかった。室内は騒然となり、電話の音が鳴り響いた。有珠山の西端に近い西山の稜線に近いところだが、正確な場所がなかなかわからない。「誰か虻田町の人はいませんか⁉」の声に、「ハイッ！」という声が上がる。伊達市の人間でも、隣の虻田町（現在は洞爺湖町）の地理にはくわしくないということがわかる。噴煙の様子から、岡田教授らがもっとも恐れていた火砕流が発生している様子は、今のところないようだった。噴火地点のクローズアップが、テレビ画面に映し出される。かなり黒色を交えた噴煙は、水蒸気噴火かマグマ水蒸気噴火のように見える。

室内は電話を掛けたり、互いに呼び合うなどの声でいっぱいである。新火口（複数）は西山の低い西面斜面にあり、国道二三〇号線のすぐ東側に並んでいるらしい。数年前にはじめて作られた有珠山のハザードマップに示された噴火危険範囲のギリギリ西端である。主に山頂噴火を想定した火砕流の危険範囲を山頂から北西方向に想定して、二日前に急遽発令された避難指示区域内は、すでにほぼ完全に無人であるが、安全範囲を考えるともう少し南の地域へ広げたほうがよいかもしれない。ということで、岡田教授をはじめ、宇井教授、勝井名誉教授らが相談して、避難区域を南側に拡大することになった。フリーハンドで二万五千分の一の地形図に鉛筆で描かれた範囲が虻田町の担当に渡されると、その場で具体的な避難拡大範囲の図が描かれてゆく。一部屋にまとまっている現地対策本部の能率の良さが明白にわかる。

緊急避難のためのバスが足りないとの声が上がる。「JRの列車を回せませんか?」と岡田教授の声。早速JRの担当者が、本部と連絡を取りはじめる。やり取りの末、一番近くを走行中の特急列車、臨時特急北斗一五号を、長万部駅で乗客全員に降りてもらい、救援列車としてすぐに洞爺駅へ向かわせることになった。外見はてんやわんやの混乱状態の現地対策本部室であるが、結果的には実に能率よく事が進んでゆくようだ。

後で知ったことだが、スムーズに事が進んだ原因の大きな部分が、内閣危機管理監の初仕事として全体を仕切られていた関克己氏の手腕に負っていたことであった。ことに、噴火直後の避難区域の変更、拡大に伴って必要になった、虻田町対策本部が現在の町役場から急遽撤退して移動する作業や、町民がいったん落ち着いた避難所から別の避難所（そのほとんどが、虻田町の西に隣接する豊浦町）に移動する手配など、第三者が考えても気が遠くなるような大変な作業が、混乱の中にも、とにかく無事に進んだことは、大いに評価されるべきことであった。

噴火は一週間程度でほぼ終息し、犠牲者は一人も出なかった。その後、有珠山ハザードマップの改訂などが進んでいるようである。

第17章　火山噴火災害対策について考える

二〇〇〇年の有珠噴火を後から振り返ると、当時の現場の混沌さ、深刻さの記憶は徐々に薄れて、火山災害現地対策本部の輝かしい成功の印象だけが強く残ったようにも見える。その後二〇年を経た現在でも、有珠山二〇〇〇年噴火時の、「非常災害現地対策本部」の成果は輝かしいものとして、関係者の間では、記憶されているようである。実際には、その後現在に至るまで、この噴火に匹敵するような規模ないし重篤な事件と言えば、二〇〇〇年の三宅島噴火があるくらいで、他には起きていないと言える。

たとえば、二〇一四年の御嶽山の噴火は、「戦後の最大の噴火災害」と呼ばれ、戦後では最多と言われる六三人の犠牲者を出し、全国のマスコミを騒がせた。それにもかかわらず、噴火を監視する組織的な防災活動としての対策本部の活動は、有珠山二〇〇〇年噴火と比べて、比較にならないほど小規模なものであった。警察、消防、自衛隊など、多くの人員を動員したオペレーションではあったが、噴火による発災時の継続時間が短く、その対応よりは、犠牲者の収容など、発災後の対応、いわば「後始末」の作業に、はるかに多くの人員とエネルギーが費やされたのであった。

御嶽山の噴火の例でも、災害対策基本法によって、その設営がうたわれている「非常災害現地対策本部」が、タイミングを外さずに立ち上げられてはいたが、その場所は、長野市にある長野県庁の一室であった。もちろん県庁の窓からは、御嶽火山を遠望することすらできない環境であった。最近起きている自然災害では、ほとんどの場合、現地災害対策本部は県庁に設けられることが、ほぼ決まっているように見受けられる。火山が大噴火をした場合、現地対策本部が県庁に置かれるのでは、使いものにならないと考えるのは、火山学者だけであろうか？　もっとも、現地対策本部を運用するのが、内閣府という、非現業の役所の担当であるので、その性格からして、政府の各省庁間の調整を務めるのが主な目的であるとすれば、現地本部を県庁に設営するのが、利便性がもっともよいということなのかもしれない。

しかし、噴火の実態――どのような種類の（型の）噴火なのか？どのような経緯をたどって噴火が進行しているのか？噴火の規模はどのくらいか？…などをリアルタイムで追ってゆくためには、手に入る限りの機器観測データや衛星・航空機による映像と同時に、肉眼で実際の火山噴火を追うことが絶対に必要となる。また、火山専門家を含む、防災関連のプロが一堂に会して、時々刻々意見を交換し、意思決定をし、対策を即時実行できるような場がどうしても必要である。現地対策本部としては、そのような活動が可能になるような環境が理想的であり、県庁の建物の一室では役に立たない。

日本を襲う自然災害は多様であり、その原因はさまざまである。もっとも多い例は、台風や温帯低気圧の通過に伴う強風・豪雨による災害であろう。山崩れ、洪水、氾濫、土石流などが発生する。その物理モデルは相当に解明が進んでいて、イベントのシナリオはあらかじめわかっている部分が多い。そのような時系列を想定して、防災活動の「タイムライン」をあらかじめ規定して、防災活動を進めようという考えが流行している。

しかし、火山噴火による災害に関しては、可能なタイムラインの分岐がきわめて多く、噴火の物理モデルが多種多様であり、そもそもモデル自体があまり解明されていない場合が多い。かなりの規模の噴火は、地下深くから、マグマが地表近くに上昇することではじまると考えられているが、マグマがどのような経路をたどって移動するのか、マグマ自体の化学的・物理的特性はどのようなものか、移動中のマグマがどのような物理量のシグナルを発信するのかなどは、絶望的と言えるくらい、わかっていない。気象学では、地球上の大気の物理学的・化学的性質は実にくわしくわかっている。気塊の性質・形状・移動は、人工衛星を含めて大規模な観測網によってリアルタイムで計測されている。あとはデータを巨大な高速計算機に入れてやればよい。火山学では、このような状況には、絶望的に、まだ達していない。地震学でも同様であると言えるかもしれない。

言い訳的に考えると、「地下の様子はよくわからない」ことが致命的かとも思う。大気圏内での気象現象は、地表でも、上空からでも、簡単に見通せる。衛星からのデータが実に有用である。一方、地下のことは、一〇〇mの深さでも、まったくと言ってよいほど見通せない。

ボーリングをすればよいのではないかと考えるが、金と時間のかかる割に、得られる情報量がきわめて少ない。噴火を引き起こすマグマは、数キロメートルくらいの深さにあるだろうと言われているが、そこまでのボーリングすらも自由にできないのが現状である。陸上でのボーリングの深さの世界記録は一二kmであるが、それは地温上昇率が小さい大陸地域での記録であり、日本のような火山地域では、すぐに地温が上がり、深くまでは掘れない。マグマだまりまで届くボーリングが可能になれば、温度計や多くの計測器をマグマだまりまで挿入して、様子を知ることができるし、マグマのサンプルを採取して、分析することもできるはずである。噴火予知などすぐにでも可能になるのではないか…と、夢は膨らむのだが、現実の状況は暗い。ボーリングなどは、ハイテクの分野ではなく、きわめてローテクな技術だと思うのだが、専門家に聞くと大変厳しいのが現状である。私自身の当面の結論は…「人類は地球から半径四〇万km（月までの距離）の宇宙空間を制覇したというが、実は地球の内部は、一kmの深さでも無知である」というものだ。

火山の噴火の継続時間もいろいろあって、防災対策を練る場合に問題となる。一発ドカンとくる「ブルカノ式噴火」の場合は、火山弾が空中を飛んで地上に落下するまで、長くても数分で終わる。空高く火砕物を噴き上げて、成層圏にまで届くような噴煙柱を作る「プリニー式噴火」は、地下のマグマだまりからの物質の供給される割合によって、継続時間が異なる。多くの場合は、半日から丸一日くらいで終わるのだが、今から三〇〇年前の富士山の宝永噴火では、プリニー式噴火が断続的に二週間も続き、当時の江戸にも数センチメートルの火山灰が堆積した。富士山の麓では、スコリアや火山灰が一mも二mも積もったのだから、大変な事件である。このような場合は、対応する防災関係者は、二週間も不眠不休で働くことになり、大変困難な事案となるだろう。溶岩流が流れ出すような噴火は、さらに長く続くことがあり得る。二〇一八年に終結したハワイ島のキラウエア火山の噴火は、一九八三年以来、三五年間も溶岩の流出が続いた。

二〇一一年の東日本大震災の教訓として、「想定外はなしだ」という標語が出回ったが、火山災害について「想定可能な災害」の規模範囲全体を考えるとなれば、大変な桁違いの大きさの災害まで含まれることになる。噴出物の量（重さ）で噴火の規模（マグニチュード）を評価するという、火山学的な見地からすれば、二〇一四年の御嶽山の噴火や二〇〇〇年の有珠山の噴火などは、きわめて小規模なものであった（それでも一〇〇万トンの規模）。桜島の大正噴火や、富士山の宝永噴火のような「大噴火」は数十億トンと、数百倍のスケールであり、カルデラを作るような巨大火砕流の噴火は、さらにその数百倍のスケールとなり得る。10^9倍、すなわち一〇億倍の規模の範囲を考えなくてはならないことになるのだ。

火山学者としては、そのような膨大なスケールの範囲にわたる噴火現象の存在は知っていて、それらを概観できる自信はあり、また正しいイメージ作りをすることはできるのだが、残念なことに、実際にそれを体験するということは、人生一〇〇年という、人間の一生のスケールでは、実現の確率がとても低いことになる。したがって、実際の火事の現場で炎をかいくぐって消火活動をしたという実体験を、多くの消防士が持っているような状態と同じ程度にまで、噴火活動を特定の個人が体験するには、少なくとも一個人が一万年くらいは生きのびる必要があるのかもしれない。

火山学を専門に研究する人間でも、そのような状態である。ましてや、防災対策一般の専門家であっても、火山を専門に研究していない場合は、中規模以上の火山噴火が起きれば、経験的には一般市民と同様に、無経験で無防備な状態で立ち向かわざるを得ないような状況になるのである。

日本の防災組織の中枢となる、内閣官房や内閣府の優秀な官僚たちが集まる防災の会議に、火山専門家として出席するたびに、この人たちが、官僚として火山噴火災害を個人的に体験し、その体験を生かして、災害対策に活躍できる時間の長さは、せいぜい三〇～四〇年間であり、その後はまったくの新人に入れ替わり、一からやり直しになるのかと思うと、心配というか、それを通り越して、ある種の不思議な感覚を覚えることがある。

荒牧重雄（あらまき・しげお）

1930 年　東京に生まれる
1975 年　東京大学地震研究所教授
1991 年　北海道大学理学部教授
1994 年　日本大学文理学部教授
2004 年　山梨県富士山科学研究所所長
現　在　東京大学名誉教授，山梨県富士山科学研究所名誉顧問，理学博士．元日本火山学会会長，元 IAVCEI（国際火山学及び地球内部化学協会）会長
専　門　火山岩石学，火山地質学
主要著書　『日本の火成岩』（共編，1989，岩波書店），『火山噴火と災害』（共著，1997，東京大学出版会），『世界の富士山』（共著，2004，山海堂）ほか

噴火した！——火山の現場で考えたこと

2021 年 10 月 15 日　初　版

［検印廃止］

著　者　荒牧重雄

発行所　一般財団法人 東京大学出版会
代表者　吉見俊哉
153-0041 東京都目黒区駒場 4-5-29
電話 03-6407-1069　FAX 03-6407-1991
振替 00160-6-59964

組　版　有限会社プログレス

印刷所　株式会社ヒライ

製本所　牧製本印刷株式会社

ISBN978-4-13-063717-6　Printed in Japan

事項索引

ア　行

カ　行

サ　行

タ　行

ナ　行

ハ　行

人名索引

ナ　行

ハ　行

マ　行

ヤ　行

ラ　行

ワ　行

引用・参考文献

第1章

荒牧重雄（1957）Pyroclastic flow の分類．火山第2集，1，47-57.

Bullard, F. M.（1962）Volcanoes in History, in Theory, in Eruption. Univ. of Texas Press.

Hildreth, W. and Fierstein, J. The Novarupta-Katmai eruption of 1912—largest eruption of the twentiethcentury; centennial perspectives: U. S. Geological Survey Professional Paper 1791, Public Domain, https://commons.wikimedia.org/w/index.php?curid=71284906（写真 1-2 出典）

Lacroix, A.（1904）La Montagne Pelée et ses éruptions. Masson et Sie, Paris.

Williams, H.（1941）Calderas and their origin. Bull. Dep. Geol., Univ. Calif., 25, 239-346.

第2章

水上武（1951）噴火に伴なった火山性脈動と新熔岩の温度と粘性について．地学雑誌，60，124-127.

第3章

Aramaki, S.（1956）The 1783 activity of Asama Volcano, Part 1. Japan Jour. Geol. Geophys., 27, 189-229.

Aramaki, S.（1957）The 1783 activity of Asama Volcano, Part 2. Japan Jour. Geol. Geophys., 28, 11-33.

荒牧重雄（1968）浅間火山の地質．地団研専報，14，45p.

荒牧重雄（1986）浅間火山．日本の地質『関東地方』編集委員会編『関東地方』，共立出版，218-220.

萩原進編（1985-1995）浅間山天明噴火史料集成，Ⅰ～Ⅴ，群馬県文化事業振興会.

八木貞助（1929）浅間山，信濃郷土文化普及會.

第6章

Peck, D. L. and Kinoshita, W. T.（1979）The Eruption of August 1963 and the Formation of Alae Lava Lake, Hawaii. U. S. Geological Survey Professional Paper 935-A.

第7章

Cameron, W. S. (1964) An interpretation of Schröter's Valley and other lunar sinuous rills. Jour. Geophys. Res., 69, 2423-2430.

第8章

Saemundsson, K. (1979) Outline of the geology of Iceland. Jokull, 29, 7-28.

第10章

岡田弘（2008）有珠山，火の山とともに，北海道新聞社，326p.

第11章

Crandell, D. R. and Mullineaux, D. R. (1978) Potential hazards from future eruptions of Mount St. Helens volcano, Washington. U. S. Geological Survey Bull., 1383-C, 26p.

Lipman, P. W. and Mullineaux, D. R., eds. (1981) The 1980 Eruptions of Mount St. Helens, Washington. U. S. Geological Survey Prof. Paper, 1250, 844p.

Sekiya, S. and Kikuchi, Y. (1889) The eruption of Bandai-san. Tokyo Imp. Univ. Coll., Sci. Jour., 3, 91-171.

Thompson, D. (2000) Volcano cowboys; The rocky evolution of a dangerous science. St. Martin's Press, 326p.（ディック・トンプソン著，山越幸江訳（2003）火山に魅せられた男たち——噴火予知に命がけで挑む科学者の物語．地人書館，439p.）

第12章

荒牧重雄・早川由紀夫（1984）1983年10月3・4日三宅島噴火の経過と噴火様式．火山第2集，29，三宅島噴火特集号，S24-S35.

荒牧重雄・中村一明（1984）注水による溶岩流阻止の試み．火山第2集，29，三宅島噴火特集号，S343-S349.

東京大学新聞研究所「災害と情報」研究班（1985）1983年10月三宅島噴火における組織と住民の対応．東京大学新聞研究所，165p.

日本火山学会編（1984）空中写真による日本の火山地形，東京大学出版会，206p.

第13章

NHK取材班（1987）全島避難せよ——ドキュメント伊豆大島大噴火，日本放送出版協会.

佐々淳行（2000）わが上司 後藤田正晴——決断するペシミスト，文藝春秋.

荒牧重雄（2000）昭和61年伊豆大島噴火時に在島して．東京都総務局災害対策部企画課編集，昭和61年（1986年）伊豆大島噴火災害活動誌，東京都，1177p.

第 14 章
荒牧重雄・谷口宏充（1997）1991 年 6 月 3 日雲仙普賢岳の火砕流による災害．火砕流の破壊力——雲仙普賢岳の例，科学研究費補助金（一般研究 B）研究成果報告書，1-41.
第 16 章
岡田弘（2008）有珠山，火の山とともに，北海道新聞社，326p.
内閣府政策統括官（防災担当）（2001）平成 12 年（2000 年）有珠山噴火非常災害対策本部・現地対策本部 対策活動の記録，122p.